**设计智汇馆** 高手速成系列

# Altium Designer
# PCB画板速成
## （配视频）

◎ 郑振宇　　林超文　　徐龙俊　　编著

电子工业出版社
**Publishing House of Electronics Industry**
北京·BEIJING

# 内 容 简 介

本书依据 Altium 公司最新推出的 Altium Designer 16 工具为基础，全面兼容 09.x、10.x、13.x、15.x，详细介绍了利用 Altium Designer 设计 PCB 的方法和技巧。全书共 8 章，主要内容包括：Altium Designer 设计开发环境、设计快捷键、PCB 库设计及 3D 库、PCB 流程化设计、PCB 的检查与生产 Gerber 输出、高级设计技巧及应用、设计实例、常见问题解答集锦等。本书实用性及专业性强，结合设计实例，配合大量的图表示意，并配备实际操作视频，力图针对实际产品设计，以最直接简洁的方式，让读者更快掌握 PCB 设计的方法和技巧。

书中的技术问题以及后期推出的一系列增值视频，会通过相关论坛 Altium 版块（www.pcbbar.com），进行交流和公布，读者可交流与下载。

本书内容适用于科研和研发部门电子技术人员及相关科技人员参考，也可以作为高等学校相关专业的教学参考书。

**图书在版编目（CIP）数据**

Altium Designer PCB 画板速成：配视频/郑振宇，林超文，徐龙俊编著. —北京：电子工业出版社，2016.1
（EDA 设计智汇馆高手速成系列）

ISBN 978-7-121-28120-4

Ⅰ. ①A… Ⅱ. ①郑… ②林… ③徐… Ⅲ. ①印刷电路－计算机辅助设计－应用软件 Ⅳ. ①TN410.2

中国版本图书馆 CIP 数据核字（2016）第 020209 号

责任编辑：曲　昕
文字编辑：康　霞
印　　刷：北京虎彩文化传播有限公司
装　　订：北京虎彩文化传播有限公司
出版发行：电子工业出版社
　　　　　北京市海淀区万寿路 173 信箱　邮编　100036
开　　本：787×1092　1/16　印张：14　字数：358.4 千字
版　　次：2016 年 1 月第 1 版
印　　次：2023 年 7 月第15次印刷
定　　价：59.00 元（含光盘 1 张）

凡所购买电子工业出版社图书有缺损问题，请向购买书店调换。若书店售缺，请与本社发行部联系，联系及邮购电话：（010）88254888，88258888。

质量投诉请发邮件至 zlts@phei.com.cn，盗版侵权举报请发邮件至 dbqq@phei.com.cn。

本书咨询联系方式：（010）88254468，quxin@phei.com.cn，QQ382222503。

$\mathcal{P}_{reface}$ 前言

面对功能越来越复杂、速度越跑越快，体积越做越小的电子产品，各类型 PCB 设计需求大增，学习和投身 PCB 事业的工程师也越来越多。由于高速 PCB 设计领域要求工程师自身的知识和经验非常高，大部分工程师都很难做到真正得心应手，在遇到速率较高、密度较大的 PCB 板时，会出现各类问题。PCB 设计是强调质量和速度的，任何一项达不到，都很难接到持续不断的订单。由于个体差异，工程师自身的设计思路和设计水平也良莠不齐，造成很多项目在沟通中反复强调及后期改版调试过多，浪费人力物力，延长了产品研发周期，从而影响产品的市场竞争力。

本书作者有着丰富的电路设计经验和 Altium Designer 软件操作经验。本书所有内容是作者社会工作实践的总结，在内容安排上，一方面全面系统地介绍了 Altium Designer 各类命令的功能、操作方法和使用技巧；另一方面，以工程实际电路为例，从工程建立到 Gerber 文件的出具，详细介绍了 PCB 设计过程及使用技巧，使得初学者及工程人员能够更高效地完成 PCB 设计。

**第 1 章 Altium Designer 设计软件概述**  本章将对最新版的 Altium Deisgner 进行基本概括，包括 Altium Designer 的安装步骤及 Altium Designer 常用推荐参数设置。

**第 2 章 PCB 设计开发环境及快捷键**  本章通过图文并茂的形式介绍 PCB 设计窗口最常用的视图和命令，并对各类操作的快捷命令和自定义快捷键进行了介绍，有效提高了设计的效率。

**第 3 章 PCB 库设计及 3D 库**  本章对标准封装库、异形封装、集成库，以及 3D PCB 封装的设计方法进行介绍。

**第 4 章 PCB 流程化设计**  本章将对原理图常见编译检查及 PCB 的完整导入，板框的绘制定义及叠层、交互式布局及模块化布局操作，常用 Class 及规则的创建与应用，常用走线技巧及铜皮的处理方式，差分线的添加及应用、蛇形线的走法及常见等长方式处理，进行全方位的讲解。

**第 5 章 PCB 的检查与生产输出**  一个完整的 PCB 设计必须是经过各项电气规则检查的。常见的检查项包括间距、开路、短路的检查，更加严格的有差分对、阻抗线等检查。检查完成后进行生产文件的输出。生产厂家拿到 Gerber 文件可以方便和精确地读取制板的信息。

**第 6 章  高级设计技巧及应用**  本章通过分节的方式详细叙述了 Altium Designer PCB 设计中常用到的技巧，并讲解软件（如 PADS、Allegro）之间相互转换的操作，解决目前很多工程师都存在的困扰，为不同软件平台的设计师提供了便利。

**第 7 章  设计实例：6 层核心板的 PCB 设计**  理论是实践的基础，实践是检验理论的标准。本章通过一个 6 层核心板的设计回顾前文内容，充分让读者了解 PCB 设计中具体的操作与实现。

**第 8 章 常见问题解答集锦** 作者通过整理网友的问询，重点列出设计中常见的 52 个问题，以问答的形式展现出来，借此让读者更形象和生动地吸收本书内容。

书中内容适合电子技术人员参考，也可作为电子技术、自动化、电气自动化专业本科生和研究生的 PCB 专业教学用书。如果条件允许，还可以开设相应的试验和观摩，以缩小书本理论学习与工程应用实践的差距。书中涉及电气和电子方面的名词术语、计量单位，力求与国际计量委员会、国家技术监督局颁发的文件相符。

本书的编写得到了深圳市凡亿技术开发有限公司郑振凡、黄勇、徐龙俊的大力支持并协助编制；林超文老师（Jimmy）进行了校对和编排，为全文审稿，并在审稿过程中提出了非常宝贵和建设性的建议。本书出版过程中得到了电子工业出版社的鼎力支持，曲昕编辑为本书的顺利出版做了大量的工作，作者一并向他们表示衷心的感谢。

《Altium Designer PCB 画板速成（配视频）》中的技术问题欢迎读者到书友 QQ 群：374116257 或 QQ 群：547971984 中讨论。本书作者也会定期在群中与大家交流，后期会推出一系列增值视频与本书呼应，使读者收获更多的知识和技能。本书所配光盘容量有限，更详细资料可联系作者（邮箱：cad@fany-eda.com，QQ：709108101）。

由于作者经验和水平的局限，书中难免有不足之处，恳请读者批评指正。

在这里祝愿大家学习愉快！

作　者
2016 年 1 月 16 日

# 目录
*Contents*

第1章　Altium PCB 设计软件概述 ································································· 1

  1.1　Altium 系统配置及安装 ·············································································· 1

    1.1.1　硬件系统配置要求 ·············································································· 1

    1.1.2　Altium Designer 16 的安装 ································································· 2

  1.2　Altium Designer 16 的激活 ········································································ 3

  1.3　常用系统参数的设置 ·················································································· 4

    1.3.1　中英文版本切换 ·················································································· 4

    1.3.2　选择高亮模式 ···················································································· 5

    1.3.3　文件关联开关 ···················································································· 5

    1.3.4　PCB General ······················································································ 5

    1.3.5　PCB Display ······················································································ 6

    1.3.6　PCB Board insight Display ································································· 7

    1.3.7　Board insight Color Overrides 颜色显示模式 ····································· 8

    1.3.8　DRC Violations Display DRC 报告显示显色 ······································ 9

    1.3.9　Interactive Routing　走线设置 ··························································· 9

    1.3.10　PCB Editor Defaults 系统菜单栏默认参数设置 ······························ 11

  1.4　系统参数的保存与调用 ············································································· 12

    1.4.1　系统参数的保存 ················································································ 12

    1.4.2　系统参数的调用 ················································································ 12

第2章　PCB 设计开发环境及快捷键 ··················································· 14

  2.1　工程创建 ································································································ 14

    2.1.1　创建或添加工程 ················································································ 14

    2.1.2　新建或添加已存在原理图 ·································································· 16

    2.1.3　新建或添加封装库 ············································································ 16

    2.1.4　新建或添加 PCB ··············································································· 17

  2.4　PCB 工作界面介绍及常用快捷键认识与创建 ············································· 17

    2.4.1　工程窗口 ·························································································· 17

    2.4.2　PCB 窗口 ························································································· 18

    2.4.3　系统工具栏 ······················································································ 18

    2.4.4　PCB 工具栏 ····················································································· 18

2.4.5 常用布线菜单命令 ·································································· 19
2.4.6 常用系统快捷键 ······································································ 19
2.4.7 自定义快捷键 ········································································· 21
2.4.8 快捷键的导入和导出 ································································ 22

第 3 章 PCB 库设计及 3D 库 ······························································· 24
3.1 2D 标准封装创建 ············································································ 24
3.1.1 向导创建法 ··········································································· 24
3.1.2 手工创建法 ··········································································· 27
3.1.3 异形焊盘封装创建 ··································································· 30
3.1.4 PCB 文件生产 PCB 库 ····························································· 31
3.2 3D 封装创建 ·················································································· 31
3.2.1 自绘 3D 模型 ········································································· 32
3.2.2 3D 模型导入 ·········································································· 36
3.3 集成库 ························································································· 38
3.3.1 集成库的创建 ········································································ 38
3.3.2 集成库的安装与移除 ································································ 39

第 4 章 PCB 流程化设计 ···································································· 41
4.1 编译与设置 ··················································································· 41
4.1.1 原理图编译参数设置 ································································ 41
4.1.2 原理图编译 ··········································································· 42
4.2 原理图实现同类型器件连续编号 ························································· 43
4.3 原理图批量信息修改 ······································································· 43
4.4 原理图封装完整性检查 ···································································· 44
4.4.1 封装的添加、删除与编辑 ·························································· 45
4.4.2 库路径的全局指定 ··································································· 46
4.5 网表的生成及 PCB 元器件的导入 ······················································ 48
4.5.1 Protel 网表生成 ······································································ 48
4.5.2 Altium 网表生成 ····································································· 48
4.6 PCB 元器件的导入 ········································································· 49
4.6.1 直接导入法（适用 AD 原理图，Protel 原理图可用网表法）·················· 49
4.6.2 网表对比法（适用 Protel、Orcad 等第三方软件）····························· 50
4.7 板框定义 ······················································································ 51
4.7.1 DXF 结构图转换及导入 ···························································· 51
4.7.2 自绘板框 ·············································································· 53
4.8 层叠的定义 ··················································································· 53
4.8.1 正片、负片 ··········································································· 53
4.8.2 内电层的分割实现 ··································································· 54

    4.8.3  层的添加及编辑 ················································ 54

4.9  交互式布局与模块化布局 ················································ 55

    4.9.1  交互式布局 ·························································· 55

    4.9.2  模块化布局 ·························································· 56

4.10  器件的对齐与等间距 ···················································· 57

4.11  全局操作 ································································ 58

4.12  "Select"的使用 ····················································· 60

4.13  Class 的创建与设置 ···················································· 60

    4.13.1  网络 Class ························································ 60

    4.13.2  差分对类的设置 ·················································· 61

4.14  鼠线的打开及关闭 ····················································· 63

4.15  Net 的添加 ···························································· 64

4.16  Net 及 Net Class 的颜色管理 ············································· 65

4.17  层的属性 ······························································ 65

    4.17.1  层的打开与关闭 ·················································· 65

    4.17.2  层的颜色管理 ···················································· 66

4.18  Objects 的隐藏与显示 ·················································· 66

4.19  特殊复制粘贴的使用 ··················································· 67

4.20  偏好线宽和过孔的设置 ················································· 68

4.21  多根走线的方式 ······················································· 69

4.22  铜皮的处理方式 ······················································· 70

    4.22.1  局部覆铜 ························································ 70

    4.22.2  全局覆铜 ························································ 71

    4.22.3  覆铜技巧 ························································ 72

4.23  设计规则 ······························································ 72

    4.23.1  电气规则 ························································ 74

    4.23.2  Short Circuit（短路）设置 ········································ 76

    4.23.3  Routing（布线设计）规则 ········································ 77

    4.23.4  Routing Via Style（过孔）设置 ···································· 77

    4.23.5  阻焊的设计 ······················································ 78

    4.23.6  内电层设计规则 ·················································· 79

    4.23.7  Power Plane Clearance 设置 ········································ 79

    4.23.8  Polygon Connect Style（覆铜连接方式）设置 ······················ 80

    4.23.9  区域规则（Room 规则） ·········································· 81

    4.23.10  差分规则 ······················································ 83

4.24  BGA 的 Fanout 及出线方式 ·············································· 85

4.25  泪滴添加与移除 ······················································· 86

4.26  蛇形线 ································································· 86

4.26.1 单端蛇形线 ································································· 86

4.26.2 差分蛇形线 ································································· 88

4.27 多种拓扑结构的等长处理 ··················································· 89

4.27.1 点到点结构 ································································· 89

4.27.2 菊花链结构 ································································· 90

4.27.3 T 型结构 ····································································· 91

第 5 章 PCB 的检查与生产输出 ··················································· 97

5.1 DRC 检查 ········································································· 97

5.1.1 电气性能检查 ······························································· 98

5.1.2 Routing 检查 ································································· 98

5.1.3 Stub 线头检查 ······························································· 98

5.1.4 可选项检查 ··································································· 99

5.1.5 DRC 报告 ····································································· 99

5.2 尺寸标注 ········································································· 100

5.2.1 线性标注 ····································································· 100

5.2.2 圆弧半径标注 ······························································· 101

5.3 测量距离 ········································································· 102

5.4 位号丝印的调整 ································································· 102

5.5 PDF 的输出 ······································································· 103

5.6 生产文件的输出步骤 ··························································· 107

5.6.1 光绘文件 ····································································· 108

5.6.2 钻孔文件 ····································································· 110

5.6.3 IPC 网表 ······································································ 111

5.6.4 贴片坐标文件 ······························································· 111

5.6.5 BOM 表的输出 ······························································· 112

第 6 章 高级设计技巧及应用 ····················································· 114

6.1 FPGA 快速调引脚 ································································· 114

6.1.1 FPGA 引脚调整注意事项 ··················································· 114

6.1.2 FPGA 引脚调整技巧 ························································· 115

6.2 相同模块布局布线的方法 ····················································· 118

6.3 覆铜时去掉孤铜的方法 ························································· 120

6.3.1 正片去死铜 ··································································· 121

6.3.2 负片 ··········································································· 122

6.4 检查线间距时差分间距报错的处理方法 ······································ 123

6.5 走线优化时的覆铜设置 ························································· 124

6.6 线路设计不良的检查 ··························································· 125

6.7 如何快速挖槽 ··································································· 126

6.8　插件的安装方法 ·············································································129

6.9　PCB 文件中的 LOGO 添加 ······························································129

6.10　Altium、PADS、Allegro 原理图的互转 ···········································132

6.10.1　PADS 原理图转换 Altium 原理图 ·············································132

6.10.2　Allegro 原理图转换 Altium 原理图 ···········································133

6.10.3　Atium 原理图转换 PADS 原理图 ··············································135

6.10.4　Altium 原理图转换 Orcad 原理图 ·············································136

6.10.5　Orcad 原理图转换 PADS 原理图 ··············································137

6.11　Altium、PADS、Allegro PCB 的互转 ··············································138

6.11.1　Allegro PCB 转换 Altium PCB ··················································138

6.11.2　PADS PCB 转换 Altium PCB ····················································139

6.11.3　Altium PCB 转换 PADS PCB ·····················································141

6.11.4　Altium PCB 转换 allegro PCB ···················································143

6.11.5　Allegro PCB 转换 PADS PCB ····················································144

6.12　Gerber 文件转换 PCB ··································································145

第 7 章　设计实例：6 层核心板的 PCB 设计 ···············································151

7.1　实例简介 ···················································································151

7.2　原理图的编译与检查 ·····································································151

7.2.1　工程文件的创建与添加 ···························································151

7.2.2　编译设置 ·············································································152

7.2.3　工程编译 ·············································································152

7.3　封装库匹配检查及元器件的导入 ·······················································153

7.3.1　封装的添加、删除与编辑 ·························································153

7.3.2　器件的完整导入 ····································································154

7.4　PCB 推荐参数设置、叠层及板框绘制 ·················································154

7.4.1　PCB 推荐参数设置 ·································································154

7.4.2　PCB 叠层设置 ·······································································155

7.4.3　板框的绘制 ··········································································156

7.5　交互式布局及模块化布局 ································································157

7.5.1　交互式布局 ··········································································157

7.5.2　模块化布局 ··········································································157

7.6　PCB 设计布线 ·············································································158

7.6.1　Class 创建 ···········································································158

7.6.2　布线规则的创建 ····································································159

7.6.3　器件扇出 ·············································································162

7.6.4　对接座子布线 ·······································································162

7.6.5　DDR 的布线 ·········································································163

7.6.6　电源处理 ·············································································165

7.7 PCB 设计后期处理·······166
7.7.1 3W 原则·······166
7.7.2 修减环路面积·······167
7.7.3 孤铜及尖岬铜皮的修正·······167
7.7.4 回流地过孔的放置·······168
7.7.5 丝印调整·······168
7.8 DRC 检查及 Gerber 输出·······169
7.8.1 DRC 的检查·······169
7.8.2 Gerber 输出·······169

第 8 章 常见问题解答集锦·······174

附录 I DDR3 SDRAM 存储器-PCB 设计分析·······202

附录 II 印制板验收的有关标准·······208

参考文献·······211

# 第 1 章

# Altium PCB 设计软件概述

随着电子技术的不断革新和芯片生产工艺的不断提高，印制电路板（PCB）的结构变得越来越复杂，从最早的单面板到常用的双面板再到复杂的多层板设计，电路板上的布线密度越来越高，同时随着 DSP、ARM、FPGA、DDR 等高速逻辑元件的应用，PCB 信号的信号完整性和抗干扰性能显得尤为重要。依靠软件本身自动布局布线无法满足对板卡的各项要求，需要 PCB 工程师具备更高的专业技术要求，同时因为电子产品的更新换代越来越快，需要工程师们深挖软件的各种功能技巧，提高设计的效率。

Altium（前身为 Protel 国际有限公司）由 Nick Martin 于 1985 年始创于澳大利亚，致力于开发基于 PC 的软件，为印刷电路板提供辅助设计。

Altium Designer 是目前 EDA 行业中使用最方便、操作最快捷、人性化界面最好的辅助工具。这套软件通过把原理图设计、电路仿真、PCB 绘制编辑、拓扑逻辑自动布线、信号完整性分析和设计输出等技术的完美融合，为设计者提供了全新的设计解决方案，使设计者可以轻松进行设计，熟练使用这一软件必将大大提高电路设计的质量和效率。

本章将对最新版的 Altium Deisgner 进行基本概括，包括 Altium Designer 的安装步骤及 Altium Designer 常用推荐参数设置。

学习目标：

➢ 掌握 Altium Designer 的安装
➢ 掌握 Altium Designer 的激活方法
➢ 掌握常用参数设置及导入导出

## 1.1 Altium 系统配置及安装

### 1.1.1 硬件系统配置要求

Altium 公司推荐的系统配置如下。

（1）操作系统。

Windows XP、Window 7、Window 8。

（2）硬件配置：

● 至少 1.8GHz 微处理器；

- 1GB 内存；
- 至少 2GB 的硬盘空间；
- 显示器屏幕分辨率至少为 1024×768，32 位真彩色，32MB 显存。

### 1.1.2　Altium Designer 16 的安装

（1）下载 Altium Designer 16 的安装包，打开安装包目录，双击"AltiumInstaller"安装应用程序图标，稍后出现如图 1-1 所示的 Altium Designer 16 安装向导对话框。

（2）单击安装向导欢迎窗口的"Next"按钮，显示如图 1-2 所示的"License Agreement"注册协议对话框。

图 1-1　安装向导对话框　　　　　　　图 1-2　注册协议对话框

（3）继续单击向导欢迎窗口的"Next"按钮，显示如图 1-3 所示安装功能选择对话框，选择需要安装的功能。

（4）继续单击向导欢迎窗口的"Next"按钮，显示如图 1-4 所示选择安装路径对话框，可以更改安装路径。

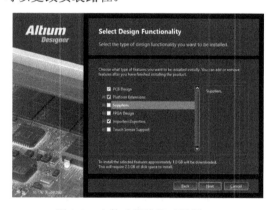
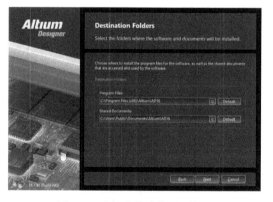

图 1-3　安装功能选择对话框　　　　　　图 1-4　选择安装路径对话框

可选项不安装可以节省一定的安装空间哦。

（5）确认安装信息无误后，继续单击对话框的"Next"按钮，安装开始，等待 5～10
分钟，安装即可完成，出现如图 1-5 所示安装完成界面。

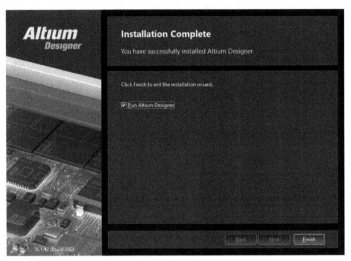

图 1-5　安装完成界面窗口

## 1.2　Altium Designer 16 的激活

（1）Altium 只有打开后添加 Altium 官方授权的 License 之后才能被激活使用，打开软
件执行菜单命令"DXP-My Account"，出现如图 1-6 所示账户窗口界面。

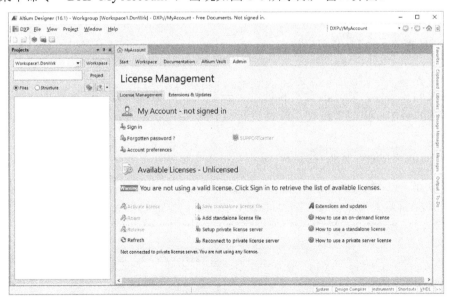

图 1-6　账户窗口界面

（2）选择"Available Licenses-Unlicense"中的"Add standlone license file"添加如图 1-7
所示 Altium 官方授权 License 文件，完成激活，如图 1-8 所示。

图 1-7　添加授权 License

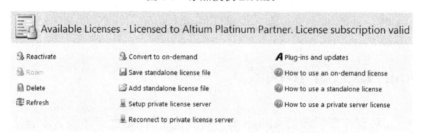

图 1-8　激活完成

# 1.3　常用系统参数的设置

通常我们在设计开始之前会对软件的一些常用参数进行设置，以达到使软件快速高效地配置资源的目的，更高效地使用软件进行设计。

## 1.3.1　中英文版本切换

执行菜单命令"DXP-Preferences—System-General"，找到"Localization"选项，如图 1-9 所示，勾选本地化设置。勾选设置之后，重启下软件即可切换到中文版，同样方法再才做一次可切换回英文版。

图 1-9　本地化语言资源设置

### 1.3.2　选择高亮模式

执行菜单命令"DXP-Preferences—System-Navigation",找到"Highlight-Methods"选项,如图 1-10 所示,勾选需要的高亮模式。

图 1-10　高亮模式选择

### 1.3.3　文件关联开关

执行菜单命令"DXP-Preferences-System-File Types",如图 1-11 所示,选择需要关联的单独或组选项。

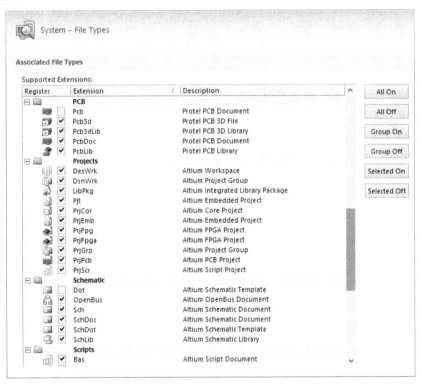

图 1-11　文件关联选项的选择

### 1.3.4　PCB General

执行菜单命令"DXP-Preferences-PCB Editor-General",出现如图 1-12 所示界面,并按照推荐进行设计。

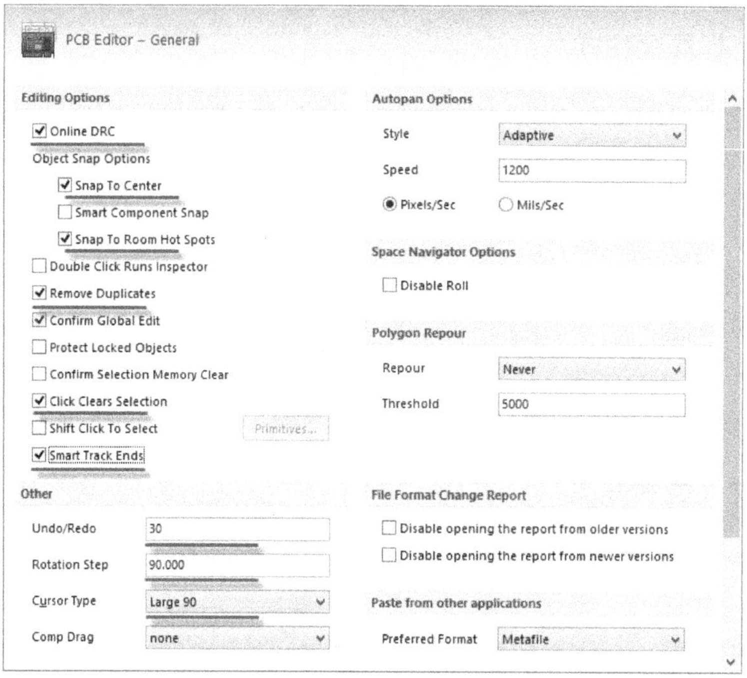

图 1-12　PCB 设计常规项设置

【Editing Options】推荐勾选以下选项设置：

（1）Online DRC　打开在线 DRC；

（2）Snap To Center　抓取中心；

（3）Smart Component Smart　智能器件抓取；

（4）Remove Duplicates　删除重复；

（5）Click Clears Selection　单击空白处清楚选择；

（6）Smart track Ends　智能移除线段结尾。

【Other】推荐填写以下选项设置：

（1）Undo/Redo　填写需要撤销步骤数，默认设置 30；

（2）Rotation Step　旋转角度，可以输入任意角度值，实现任意角度的旋转，常见为 30°、45°、90°；

（3）Cursor Type　鼠标显示风格，推荐选择 Large 90 风格，方便布局布线对齐操作。

### 1.3.5　PCB Display

执行菜单命令"DXP-Preferences-PCB Editor-Display"，出现如图 1-13 所示界面，本书进行如下推荐设置。

【DirectX Options】推荐勾选以下选项设置：

（1）Use DirectX if possible；

（2）Use Flyover Zoom in DirectX；

（3）Draw Shadows in 3D。

【Highlighting Options】推荐勾选以下选项设置：

图 1-13　PCB Display 设置界面

Apply Highlight During interactive editing　当走线时使用高亮模式。

## 1.3.6　PCB Board insight Display

执行菜单命令"DXP-Preferences-PCB Editor-Board insight Display"，出现如图 1-14 所示界面。

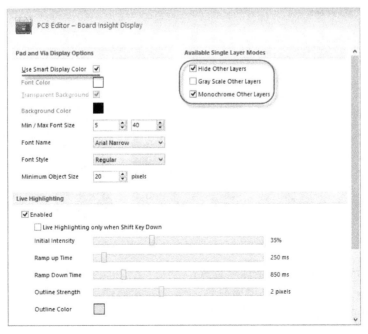

图 1-14　Board insight Display 设置界面

【Pad and Via Display Options】推荐勾选以下选项设置：

Use Smart Display Color 使用自适应颜色设置。

【Available Single Layer Modes】推荐勾选以下选项设置：

（1）Hide Other Layers 隐藏其他层；

（2）Monochrome Other Layers 灰暗单色其他层。

### 1.3.7 Board insight Color Overrides 颜色显示模式

执行菜单命令"DXP-Preferences-PCB Editor-Board insight Color Overrides"，出现如图 1-15 所示界面，选择"Solid（Override）"实心模式。

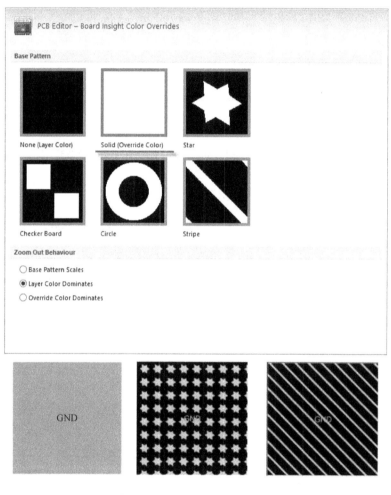

图 1-15 设置界面及显示对比图

【Base Pattern】推荐勾选以下选项设置：

Solid（Override Color）实体覆盖颜色。

【Zoom Out Behaviour】推荐勾选以下选项设置：

Override Color Dominates 覆盖颜色优先显示。

### 1.3.8　DRC Violations Display DRC 报告显示显色

执行菜单命令"DXP-Preferences-PCB Editor- DRC Violations Display"，出现如图 1-16 所示界面，同样选择"Solid（Override）"实心模式。

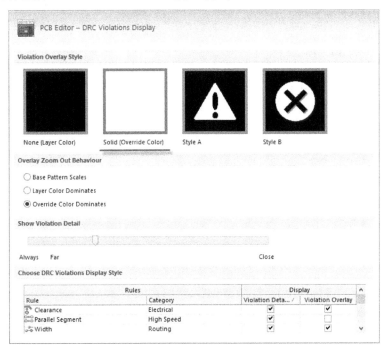

图 1-16　DRC Violations 设置界面

【Violation Overlay Style】推荐勾选以下选项：

Solid　（Override Color）。

### 1.3.9　Interactive Routing　走线设置

执行菜单命令"DXP-Preferences-PCB Editor- Interactive Routing"，出现如图 1-17 所示界面。

【Routing Conflict Resolution】走线模式推荐勾选以下选项：

（1）Ignore Obstacles　忽略障碍物走线；

（2）Push Obstacles　　推荐障碍物走线；

（3）Walkaround Obstacle　围绕障碍物走线；

（4）Stop At first Obsatcle　遇到障碍物即停止走线；

（5）Autoroute On Current Layer　自动在当前层走线。

以上走线模式可以用系统默认快捷键"Shift+R"进行切换。

【Interactive Routing Options】推荐勾选以下选项：

Automatically Remove Loops　自动移除回路。

【Dragging】拖动选择推荐勾选以下选项：

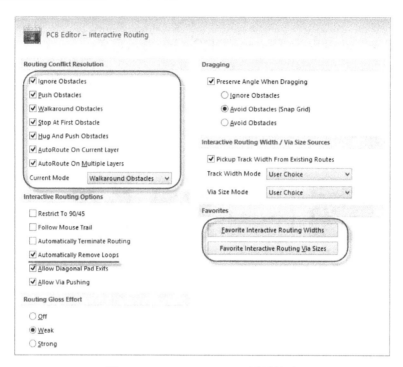

图 1-17　Interactive Routing 设置界面

Avoid Obstacles（Snap Grid）按照格点躲避障碍物。

【Favorites】偏好设置：

偏好设置可以设置自己偏好的线宽大小和过孔大小，如图 1-18 所示。对偏好走线线宽进行添加、修改与删除操作。在走线的状态下可以直接利用系统默认的快捷键"Shift+W"进行调用。

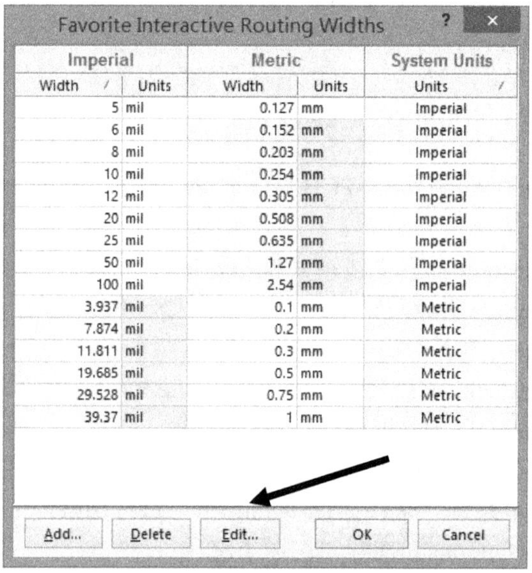

| Imperial | | Metric | | System Units |
|---|---|---|---|---|
| Width / | Units | Width | Units | Units |
| 5 | mil | 0.127 | mm | Imperial |
| 6 | mil | 0.152 | mm | Imperial |
| 8 | mil | 0.203 | mm | Imperial |
| 10 | mil | 0.254 | mm | Imperial |
| 12 | mil | 0.305 | mm | Imperial |
| 20 | mil | 0.508 | mm | Imperial |
| 25 | mil | 0.635 | mm | Imperial |
| 50 | mil | 1.27 | mm | Imperial |
| 100 | mil | 2.54 | mm | Imperial |
| 3.937 | mil | 0.1 | mm | Metric |
| 7.874 | mil | 0.2 | mm | Metric |
| 11.811 | mil | 0.3 | mm | Metric |
| 19.685 | mil | 0.5 | mm | Metric |
| 29.528 | mil | 0.75 | mm | Metric |
| 39.37 | mil | 1 | mm | Metric |

Add...　Delete　Edit...　OK　Cancel

图 1-18　偏好线宽设置

同样，我们可以对过孔的大小进行偏好设置，如图1-19所示，在走线的状态下可以直接利用系统默认的快捷键"Shift +V"进行调用。

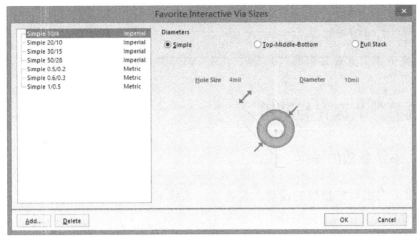

图 1-19    偏好过孔大小设置

### 1.3.10    PCB Editor Defaults 系统菜单栏默认参数设置

执行菜单命令"DXP-Preferences-PCB Editor- Defaults"，出现如图 1-20 所示界面，可

图 1-20    菜单栏默认参数设置

以对系统菜单栏的参数进行默认设置。设置之后，在调用某个选项时即默认为此处参数的设置，对于比较规范的设计，我们都会进行一次默认参数设置。

小助手提示

默认参数一般设置最常用的"Track、Pad、Via、Polygon"即可。

## 1.4 系统参数的保存与调用

### 1.4.1 系统参数的保存

1.2 节讲了常用系统参数的设置，设置好的系统参数为了方便下次调用，可以对自己设置好的参数直接另存到预先路径下，如图 1-21 所示。

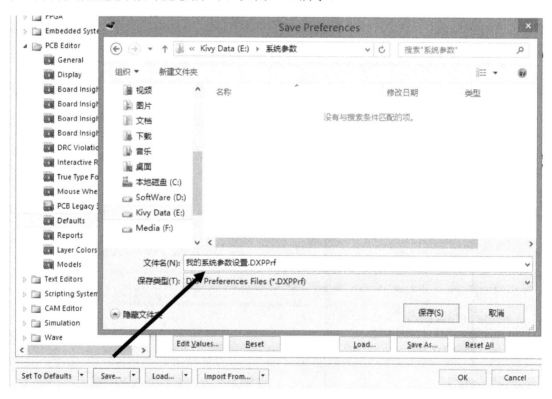

图 1-21 常用系统参数的保存

### 1.4.2 系统参数的调用

有时候因换用电脑或者系统/软件重装，我们预先设置的系统参数可能会被清除，需要重新对常用参数进行设置，此时可以直接调用以前保存的参数设置，如图 1-22 所示。

图 1-22　常用系统参数的调用

# 第 2 章

# PCB 设计开发环境及快捷键

新一代 Altium Designer 软件集成了相当强大的开发管理环境，能够有效地对设计的各项文件进行分类及层次管理。本章通过图文的形式介绍 PCB 设计窗口最常用的视图和命令，并对各类操作的快捷命令和自定义快捷键做了介绍，有效地提高了设计的效率。

**学习目标：**

➤ 熟悉了解常用窗口的调用方式和路径
➤ 了解如何创建及添加工程文件
➤ 了解系统快捷键的组合方式及自定义快捷键
➤ 学会解决设置过程中快捷键的冲突问题

## 2.1　工程创建

### 2.1.1　创建或添加工程

#### 1. 创建工程

（1）打开软件，执行菜单栏命令"File-New-Project-PCB Project"创建一个"PCB Project"，设置好工程名称及路径，如图 2-1 所示。

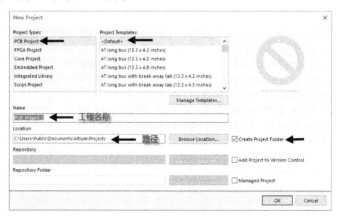

图 2-1　工程文件的创建及设置

（2）如图 2-2 所示，新建的工程文件可以执行"Save Project As..."，重新更换保存路径。

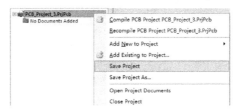

图 2-2　工程文件的路径变更

通过以上步骤，即可完成工程的创建。

**2．工程的打开与关闭路径查找。**

（1）在菜单中，选择标准工具栏中按钮 🗀，如图 2-3 所示，选择工程文件（.Prjpcb 后缀），执行打开，即可打开已存在工程文件。

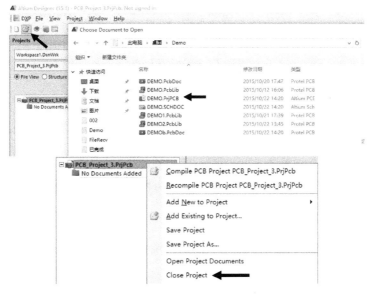

图 2-3　工程文件的打开与关闭

（2）在工程目录下，右键下拉菜单中，执行"Close Project"即可关闭工程。

（3）在工程目录下，右键下拉菜单中，执行"Explore"，可以浏览工程文件所在的位置，很方便地找到文件放置位置，如图 2-4 所示。

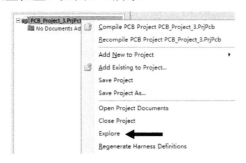

图 2-4　工程的关闭与路径查找

### 2.1.2　新建或添加已存在原理图

#### 1．新建原理图

（1）执行菜单命令"File-New-Schematic"，点选菜单栏"Save Active Document"图标命令或执行快捷键"Ctrl+S"，保存新建的原理图及更改原理图页的名字，如图 2-5 所示。

图 2-5　原理图的保存

#### 2．已存在原理图的添加与移除

（1）我们经常需要把已经存在的原理图添加到已存在的工程目录下，在工程文件下执行右键"Add Existing to Project..."命令，选择其需要添加的原理图即可完成添加，如图 2-6 所示。

（2）同样当我们不需要某个原理图存在当前工程目录下的时候，可以在须移除的原理图页上执行右键"Remove rom Project..."命令，即可移除相应的原理图页，如图 2-7 所示。

图 2-6　添加到工程　　　　　　　　　图 2-7　移除出工程

### 2.1.3　新建或添加封装库

#### 1．新建封装库

（1）在菜单栏中执行"File-New-Library-PCB Library"命令，即可创建一个新的 PCB Library。

（2）执行"保存"命令，把新建的 Library 添加到当前工程中。

**2．封装库的添加和移除**

同原理图添加与移除一样，可以对新建 PCB Library 进行添加或移除操作。

### 2.1.4 新建或添加 PCB

**1．新建 PCB**

（1）在菜单栏中执行"File-New-PCB"命令，即可创建一个新的 PCB；

（2）执行"保存"命令，把新建的 PCB 添加到当前工程中。

**2．PCB 的添加和移除**

同原理图添加与移除一样，可以对新建 PCB 进行添加或移除操作。

 小 助 手 提 示

Altium Designer 采用工程文件来对所有的设计文件进行管理，设计文件应该加入到工程文件中区，单独的设计文件称为"Free Document"。

## 2.4 PCB 工作界面介绍及常用快捷键认识与创建

### 2.4.1 工程窗口

如图 2-8 所示，一个完整的 PCB 工程文件包括 PCB、原理图、封装库等，这些都排列在工程窗口中。

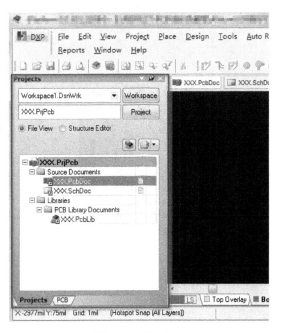

图 2-8 工程窗口

### 2.4.2 PCB 窗口

右下角执行"PCB-PCB"命令，可以调出 PCB 窗口界面，如图 2-9 所示。该窗口主要涉及 PCB 相关的属性编辑器，如器件、差分、铜皮、孔等。

图 2-9　PCB 窗口

### 2.4.3 系统工具栏

如图 2-10 所示，系统工具栏下拉菜单可调出工程窗口、系统库窗口、Messages 窗口等。

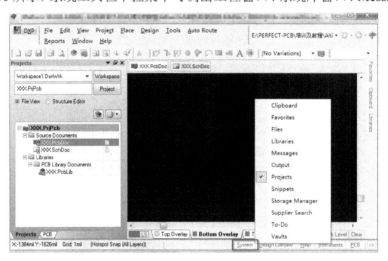

图 2-10　系统工具按钮

### 2.4.4 PCB 工具栏

如图 2-11 所示，PCB 工具栏可调出 PCB 窗口、PCB Inspector 界面等。

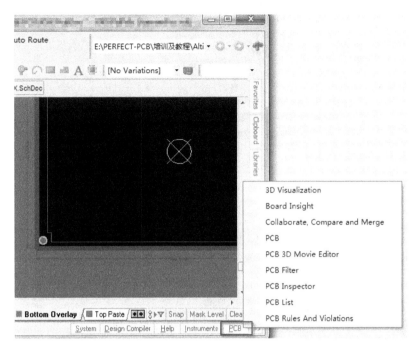

图 2-11　PCB 工具栏

## 2.4.5　常用布线菜单命令

如图 2-12 所示，本书例举了最常用的命令菜单。

图 2-12 布线菜单命令

## 2.4.6　常用系统快捷键

Altium 自带很多组合快捷键，那么组合快捷键如何得来呢？其实系统的组合快捷键都是依据菜单的下滑字母组合起来的，如图 2-13 所示快捷键"PL"线条的放置。

平时多记忆操作这些快捷的组合方式，有利于 PCB 设计效率的提高。

（1）L——打开层设置开关选项（器件移动状态下，按下 L 换层）；

（2）S——打开选择：S+L（线选）、S+I（框选）；

（3）J——跳转，如：J+C（跳转到器件）、J+N（跳转到网络）；

（4）Q——英寸和毫米切换；

（5）Delete——删除已被选择的对象，E+D 点选删除；

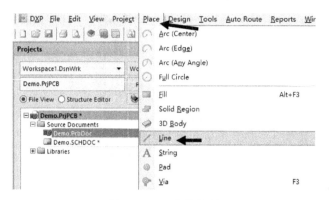

图 2-13　2D 线的放置

（6）放大缩小——按抓鼠标中键向前后推动、Page up、Page down…；

（7）切换层——小键盘上面的"+"、"-"、点选下面层选项；

（8）A+T——向上对齐、A+L：向左对齐、A+R：向右对齐、A+B：向下对齐；

（9）Shift+S——单层显示与多层显示切换；

（10）测量——Ctrl+M（哪里要测点哪里）、R+P（测量边距）；

（11）空格键——翻转选择某物体（导线，过孔等），同时按下 Tab 键可改变其属性（导线长度，过孔大小等）；

（12）改走线模式——Shift+空格键；

（13）字体（条形码）放置——P+S；

（14）线宽选择——Shift+W　过孔选择 Shift+V；

（15）等间距走线——T+T+M 不可更改间距，P+M 可更改间距走线；

（16）走线时显示走线长度——Shift+g。

此处就列出以上最常用的一些快捷方式，其他快捷方式我们可以参考系统帮助文件的快捷方式（此快捷帮助在不同的界面检索出来的会不相同），单击右下角 Help-Shortcuts 即可调出来，如图 2-14 所示。

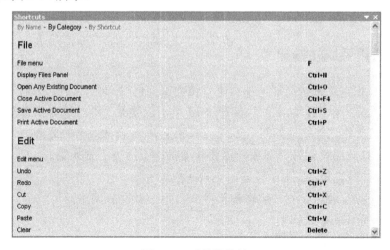

图 2-14　系统快捷键

### 2.4.7  自定义快捷键

由于 Altium 的快捷方式多种多样，如果利用系统默认的快捷键来进行 PCB 设计，效率会大打折扣，这时候需要自己设置偏好的快捷方式，方便进行设计。

1）Ctrl+左键单击

这是一种简单的设置快捷键的方法，按住 Ctrl 的同时，鼠标左键单击想要设置快捷方式的菜单项，之后进入快捷键设置窗口，如图 2-15 所示。

图 2-15　快捷键的设置

**小 助 手 提 示**

设置快捷键最好不要选择英文字母键，而是选择键盘上的功能键 F2 至 F10 及数字小键盘（因为系统默认的快捷方式基本上是字母键组合的，这里不设置是为了避免系统快捷键和自定义快捷键识别混乱）。

2）菜单选项设置法

如图 2-16 所示，在菜单栏空白处，右键执行"Customize..."命令。在左边栏中适配"All"，在右边找到需要设置快捷键的"栏目"双击，也同样进入快捷键设置界面，按照上面的方法设置即可。

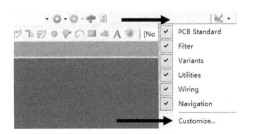

图 2-16　Customizing PCB 快捷键设置

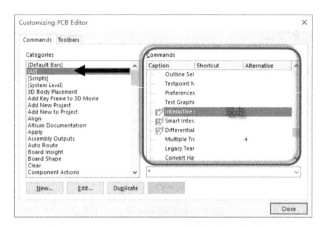

图 2-16　Customizing PCB 快捷键设置（续）

当发现与其他设置键有冲突时，如果一定要用此设置项，如图 2-17 所示，可以把之前的设置清除，再按照上述方法重新设置。

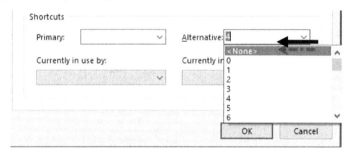

图 2-17　快捷键清除

 小 助 手 提 示

首次设置快捷键时可在最后记录一个快捷键表格，方便记忆，熟悉之后就可以忽略了。

### 2.4.8　快捷键的导入和导出

因为电脑的不固定性，我们需要把 A 电脑中设置好的快捷键调用到 B 电脑中使用，这时候就用到了快捷键导入和导出。

（1）执行菜单命令"DXP-Preference"，在窗口最下面执行"Save..."，可以键入设置好的系统参数及快捷键进行导出操作，如图 2-18 所示。

图 2-18　系统参数和快捷键的导出

图 2-18　系统参数和快捷键的导出（续）

（2）同样在 B 电脑里面打开 DXP 软件，执行"DXP-Preference"，在窗口最下方执行"Loard…"，加载刚刚保存的系统参数文件（.DXPPrf 后缀），即可把包含的快捷键进行导入，如图 2-19 所示。

图 2-19　系统参数和快捷键的导入

# 第 3 章

# PCB 库设计及 3D 库

PCB 原理图完成后，需要通过 PCB 封装映射到 PCB 板中，此时就有创建 PCB 封装的必要性。封装是器件实物映射在 PCB 上的产物，不能随意赋予 PCB 封装尺寸，应该按照器件规格书的精确尺寸进行绘制。本章讲述标准封装库、异形封装、集成库以及 3D PCB 封装的设计方法。

**学习目标：**

➢ 熟悉向导法和手工创建方法，依据器件封装数据手册，处理好各类封装数据，准确地对各类数据进行输入，充分考虑到器件封装的补偿量

➢ 熟悉异形封装的组合方式及转换方式，注意异形封装层属性与标准焊盘的不同

➢ 熟悉集成库的安装与移除，路径匹配

➢ 熟悉简单 3D 模型创建法及 Step 模型导入法

## 3.1 2D 标准封装创建

### 3.1.1 向导创建法

PCB 库编辑器包含一个元件向导，它用于创建一个元件封装基于你对一系列参数的问答，此处以一个 DIP14 为例详细讲解向导创建封装的方法步骤。

（1）在 Components 窗口单击右键选择执行命令"Components Wizard…"选项，如图 3-1 所示。

（2）按照向导流程，选择创建"DIP"系列，单位选择"mm"，如图 3-2 所示。

（3）下载 DIP 数据手册，如图 3-3 所示，按照数据手册填写相关问答参数。

焊盘尺寸：内径为 B—0.46mm，但是为了考虑余量，一般比数据手册的数据大，此处选择 0.8mm，外径为 B1—1.52mm，如图 3-4 所示，填入向导参数栏。

竖向焊盘间距为 e—2.54mm，横向间距为 E1—7.62mm，如图 3-5 所示。

剩下选项按照向导默认即可，选择需要的焊盘数量为 14，单击 Finish，如图 3-6 所示，即创建好的 DIP14 封装。

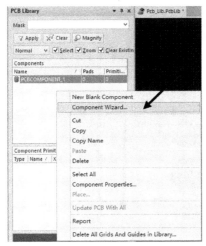

图 3-1　执行向导命令

图 3-2　向导参数选择

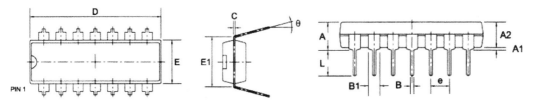

图 3-3　DIP 14 数据手册

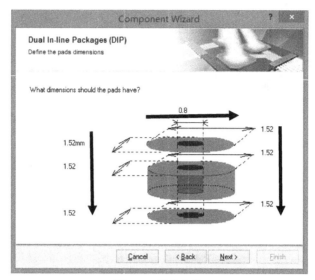

图 3-4　焊盘参数

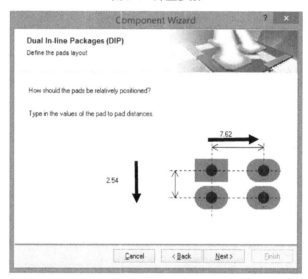

图 3-5　DIP 焊盘间距参数

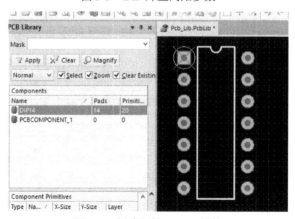

图 3-6　创建好的 DIP14 封装

### 3.1.2　手工创建法

（1）执行 File—New—Libray—Pcb Library 命令。在设计窗口中显示，如图 3-7 所示一个新的名为"PcbLib1.PcbLib"的库文件和一个名为"PCBComponent_1"的空白元件图纸。

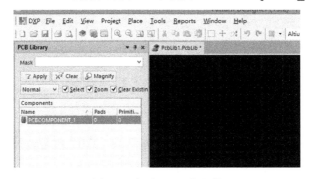

图 3-7　新建 PCB 库文件

（2）执行存储命令，将库文件更名为"PCB_Lib.PcbLib"存储。

（3）双击"PCBComponent_1"，可以更改这个元件的名称，如图 3-8 所示。

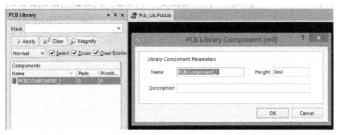

图 3-8　更改元件名称

（4）下载相关数据手册，此处以 TPS54550 芯片为例，进行封装创建的讲解，如图 3-9 所示。

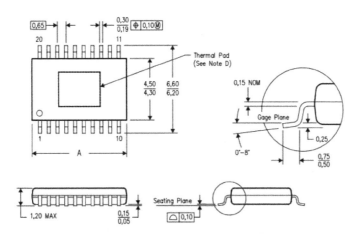

图 3-9　TPS54550 封装尺寸

| DIM \ PINS ** | 14 | 16 | 20 | 24 | 28 |
|---|---|---|---|---|---|
| A    MAX | 5,10 | 5,10 | 6,60 | 7,90 | 9,80 |
| A    MIN | 4,90 | 4,90 | 6,40 | 7,70 | 9,60 |

NOTES:　A.　All linear dimensions are in millimeters.
　　　　B.　This drawing is subject to change without notice.
　　　　C.　Body dimensions do not include mold flash or protrusions. Mold flash and protrusion shall not exceed 0.15 per side.
　　　　D.　This package is designed to be soldered to a thermal pad on the board.　Refer to Technical Brief, PowerPad Thermally Enhanced Package, Texas Instruments Literature No. SLMA002 for information regarding recommended board layout.　This document is available at www.ti.com <http://www.ti.com>.
　　　　E.　Falls within JEDEC MO-153

图 3-9　TPS54550 封装尺寸（续）

（5）执行 Place—pad 放置焊盘，在放置状态下按"Tab"键可以设置焊盘属性，焊盘是表贴焊盘，选择表贴焊盘模式、矩形图如图 3-10 所示。

图 3-10　焊盘模式选择

（6）考虑到实际情况，通常制作封装焊盘的时候会加入补偿值，从数据尺寸可以看出来焊盘尺寸取中间值 0.6mm，内侧补偿 0.5mm，外侧补偿 0.5mm，焊盘尺寸长度为为 1.6mm，同理焊盘宽度加上补偿值之后可以取 0.4mm。

（7）从图 3-9 可以看出，纵向焊盘与焊盘的中心间距为 0.65mm，横向间距为 5.5mm，按照引脚序号和间距一一摆放焊盘。注意，一般"1"号引脚为矩形，其他引脚为椭圆形，方便识别。

（a）如图 3-11 所示，通过移动 X，Y 坐标排列引脚序号。

（b）如图 3-12 所示，通过阵列法排序引脚序号。

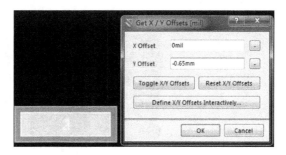

图 3-11 坐标法

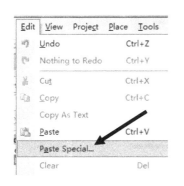
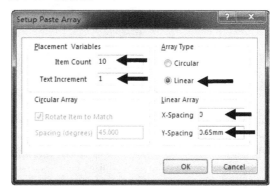

图 3-12 阵列法

（c）一般来说，结合上述两种方法使用可以达到快速创建的效果，排列效果图如图 3-13 所示。

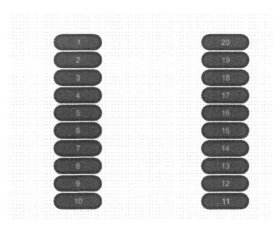

图 3-13 排列效果图

（8）按照数据手册放置散热焊盘。

（9）按照数据手册，在丝印层（TopOverlayer）绘制丝印本体，丝印线宽一般选择 5mil。

（10）放置"1"号引脚标示号，定位器件原点（快捷键 E+F+C）为中心点。

（11）核对以上参数即完成此 2D 封装的创建，如图 3-14 所示。

（12）当然可以为已封装添加高度及描述信息，方便 layout 工程师清楚他的高度。如图 3-15 所示，双击器件列表相应的器件，即可添加。

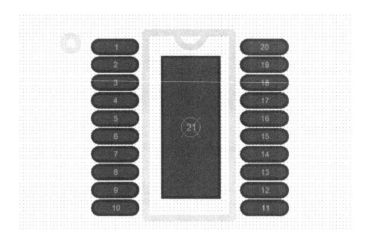

图 3-14 创建好的封装

图 3-15 添加器件高度及描述信息

### 3.1.3 异形焊盘封装创建

一般不规则的焊盘被称为异型焊盘，典型的有金手指、大型的器件焊盘或者板子上需要添加特殊形状的铜箔（可以制作一个特殊封装代替）。

如图 3-16 所示，此处我们以一个锅仔片为例进行说明。

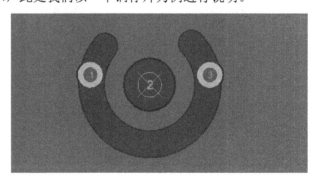

图 3-16 完整的锅仔片封装

（1）执行 Place—Arc（Any Angle），放置圆弧，双击更改到需要的尺寸需求；

（2）放置中心表贴焊盘，并赋予焊盘引脚号，如图 3-17 所示。

（3）放置 Sloder Mask 及 Paste，一般 Sloder Mask 此焊盘单边大于 2.5mil，即可以在 SloderMask 层放置比顶层宽 5mil 的圆弧。一般 Paste 和焊盘区域是一样大的，所以放置与顶层一样大的圆弧，如图 3-18 所示（"E+A"特殊粘贴法可以快速创建复制粘贴到当前层）。

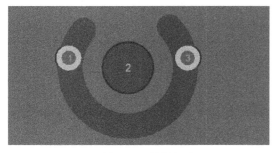

图 3-17 放置焊盘

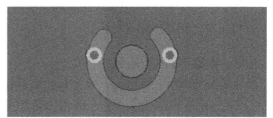

图 3-18 Mask 和 Paste 的放置

有些异形在 Library 中无法创建，需要在 PCB 中利用转换工具（Tools-Convert...）先转换复制到 Library 中使用。常见的是使用 Region 创建的异形焊盘。

（4）放置好器件的原点，即当前封装创建完成。

### 3.1.4 PCB 文件生产 PCB 库

有时自己或客户会提供放置好器件的 PCB 文件，这时候我们可以不必一个一个地创建 PCB 封装，而直接导出 PCB 库即可，执行 Design—Make PCB Library（快捷键 D+P）生产 PCB 元件库，如图 3-19 所示。

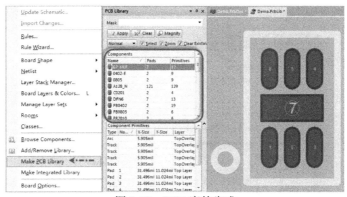

图 3-19 PCB 库的生成

## 3.2 3D 封装创建

近年来 Altium 公司在 Altium Designer 6 系列以后不断加强了三维显示的能力，可以帮助 PCB 工程师更直观地进行 PCB 设计。Altium Designer 的 3D PCB 设计比较简单，只需要拥有建立所需库的 3D 模型就可以了（即工作就在库的设计）。

那么 3D 模型怎么来呢？有以下 3 种来源：

（1）用 AD 自带的 3D Body，建立简单的 3D 模型构架。

（2）在相关网站供应商处下载 3D 模型，导入 3D Body。

（3）SolidWorks 等专业三维软件来建立。

### 3.2.1 自绘 3D 模型

#### 1. 常规 3D 模型绘制

Altium 自带的 3D Body，可以创建简单的 3D 模型构架，下面以 0603 为例进行简单介绍。

（1）如图 3-20 所示，导入常用的封装库，选择 0603C 封装。

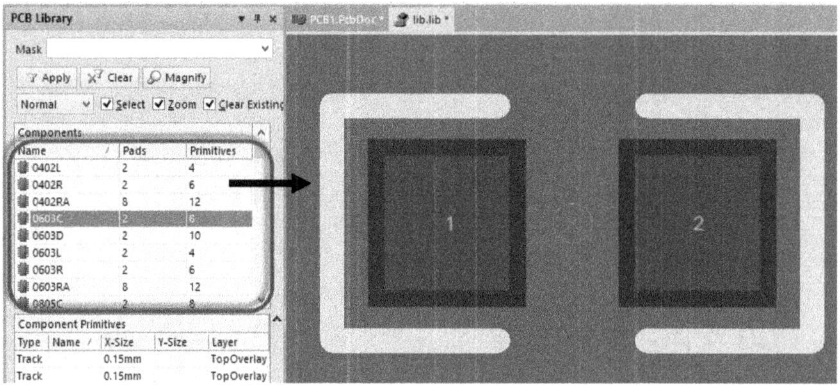

图 3-20　常用封装库—0603 封装

（2）首先确定 Mechanical 层打开，因为 3D Body 只有在 Mechanical 层可有效放置成功。跳转到 Mechanical 层，执行 Place——Place 3D Body 会出现如图 3-21 所示模型选择及参数设置对话框。

图 3-21　3D 模型模式选择及参数设置对话框

（3）此处选择绘制模式，按照 0603C 的封装规格填入参数，如图 3-22 所示。

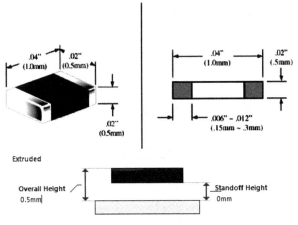

图 3-22　0603C 封装规格

（4）按照实际尺寸绘制 0603 的边框大小，如图 3-23 所示，绘制好的网状范围即 0603 的实际尺寸。

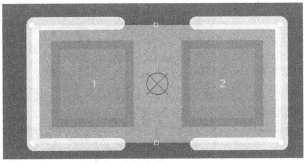

图 3-23　绘制 3D Body

（5）验证 3D 显示设置是否正常，按快捷键 L，如图 3-24 所示，选择 3D 模式项，设置相关显示设置。

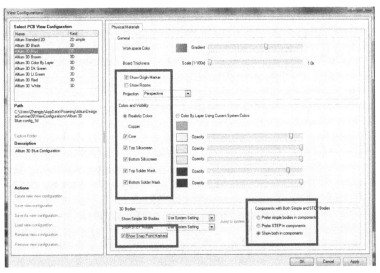

图 3-24　3D 显示选项设置

（6）设置好之后，可以切换到 3D 视图（快捷键"3"），可以查看创建的 3D Body 的效果，如图 3-25 所示。

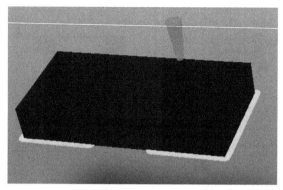

图 3-25　绘制好的 3D Body

（7）存储绘制好的 3D 封装库，在封装库元件列表中，Updata 到需要更新的 PCB 中即可。同样在 PCB 中切换到 3D 视图，如图 3-26 所示，即可查看效果。

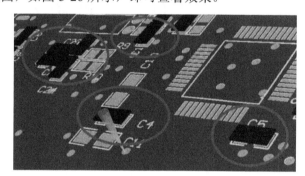

图 3-26　PCB 中 3D 效果预览

### 2．异形 3D 模型绘制

对于一些异型的 PCB 封装，我们会针对其进行异型的 3D Body 绘制，比如 PCB 上常用到的屏蔽罩等，此时可以利用 AD 中多边形闭合图形自动生成 3D Body。

（1）如图 3-27 所示，新建一个空白的 PCB 元件，在 Mechanical 层中绘制一个拥有闭合区域的屏蔽罩，一定要是闭合的，否则无法创建。

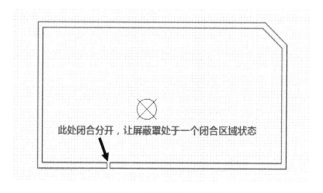

图 3-27　屏蔽罩 2D 元素

（2）执行 Toos——Manage 3D Bodies for current compoent，出现 3D Body，然后拉伸缺口使缺口重合，如图 3-28 所示。

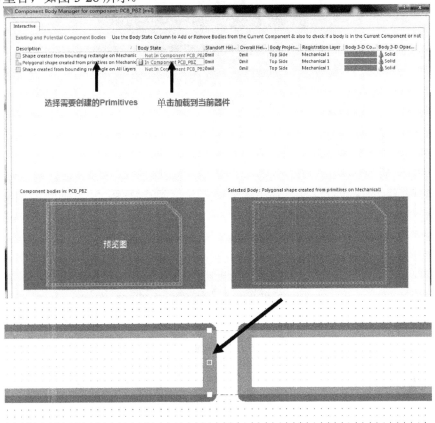

图 3-28　创建异型 3D Body

（3）双击刚刚创建好的 3D Body 添加屏蔽罩的高度及其他各项参数信息。

（4）结合常规 3D Body 绘制方法绘制屏蔽罩的顶盖，如图 3-29 所示。

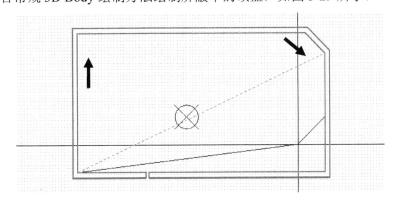

图 3-29　屏蔽罩顶盖 3D body 绘制

（5）切换 3D 视图，即可查看到所绘制的屏蔽罩 3D 效果图，如图 3-30 所示。

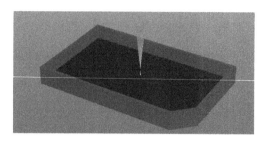

图 3-30　屏蔽罩 3D 效果图

### 3.2.2　3D 模型导入

对一些复杂的 3D Body，我们可以利用第三方软件进行创建或者通过第三方网站下载资源。保存为格式.step 格式之后，利用模型导入方式进行 3D Body 的放置，下面对这种方式进行介绍。

（1）如图 3-31 所示，导入常用的封装库，选择 0603C 封装。

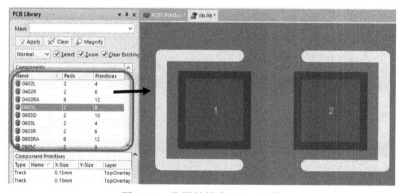

图 3-31　常用封装库 0603 封装

（2）跳转到 Mechanical 层，执行 Place——Place 3D Body 会出现如图 3-32 所示对话框。选择模型导入模式，单击加载 0603 的 Step 格式的 3D Body。

图 3-32　Step 格式 3D Body 导入选项

（3）按照上图设置好想要的参数，单击 OK。放置到相应的焊盘位置，切换到 3D 视图，查看放置效果，如图 3-33 所示。

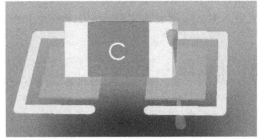

图 3-33　放置好的 3D Body

（4）此时可以看到，模型斜了，需要进行手工调整。如图 3-34 所示，在 3D 视图下双击模型出现之前 palce 3D Body 的对话框，可以调整 dx，dy，dz 的坐标直到模型放置正确。

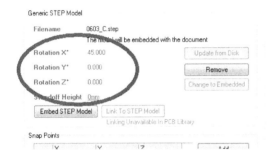

图 3-34　3D Body 的参数调整及正确视图

（5）同样，存储制作好的 3D 库文件，Updata 到 PCB，切换到 3D 视图即可查看我们制作的 3D 效果，如图 3-35 所示。

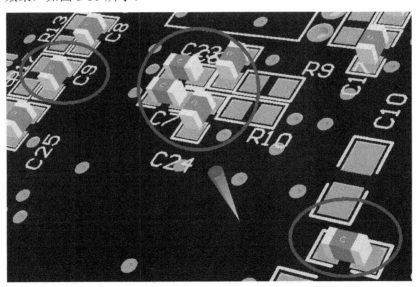

图 3-35　3D PCB 设计效果图

小 助 手 提 示

由于设计封装时，我们一般要考虑余量，封装焊盘会做得比实际大一点，而通过 Step 格式导入的 3D 模型为实际大小，和 PCB 会存在一定的差异，此时采取居中放置即可。

## 3.3 集成库

### 3.3.1 集成库的创建

在电路设计中常遇到系统库文件中没有所需元件的情况，这时可以自己建立单独的原理图库和 PCB 库，而如果生成集成库，在以后的使用中会更加方便。集成库的建立是在原理图库和 PCB 库基础上进行的。

（1）新建集成库 File>New>Project>Integrated Library,即可新建一个集成库。

（2）新建原理图库 File>New>Library>Schematic Library,即可新建一个原理图库。

（3）新建 PCB 库 File>New>Library>PCB Library,即可新建一个 PCB 库。

如图 3-36 所示保存以上三个新建的库：右键单击新建的库，选择保存。

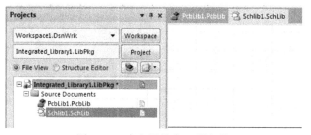

图 3-36 建立好的库工程文件

（4）在原理图库和 PCB 库中添加库元素，如图 3-37 所示。此处以电阻（0805R、0603R、0402R）为例进行说明，针对这个原理封装添加 0805R、0603R、0402R 封装。

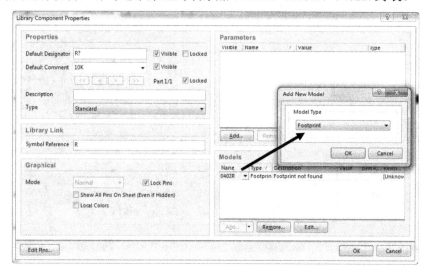

图 3-37 为原理图库添加相对应的 PCB 库

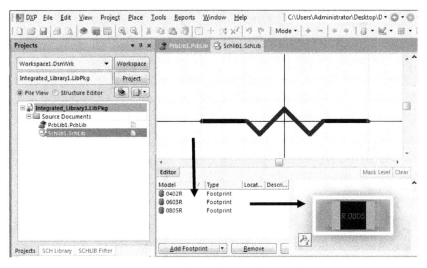

图 3-37　为原理图库添加相对应的 PCB 库（续）

（5）如图 3-38 所示，编译库的工程文件。

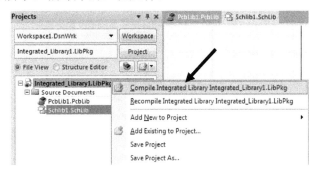

图 3-38　编译库工程文件

（6）在文件夹"Project Outputs for Integrated_Library1"中，得到集成库文件，如图 3-39 所示。

图 3-39　集成库文件

## 3.3.2　集成库的安装与移除

集成库创建完成后，如何对创建好的集成库进行调用呢，这时就涉及集成库的安装使用了。如图 3-40 所示，单击右侧边栏上的"Libraries"，在弹出的对话框中选择"Installed"选项，单击"Install..."添加"Project Outputs for Integrated_Library1"文件夹中的集成库文件"Integrated_Library1.IntLib"，即表示安装成功。不需要的集成库文件可以在选中之后单击"Remove"进行移除。

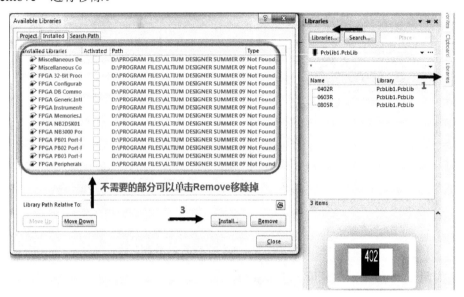

图 3-40 集成库的安装及移除

# 第 4 章

# PCB 流程化设计

一个优秀的电子工程师不但要原理图制作完美，也要求 PCB 设计完美，而 PCB 画得再完美，一旦原理图上出了问题，也是前功尽弃，有可能要从头再来。原理图和 PCB 是相辅相成的，原理图的设计和检查是前期工作的准备，经常见到初学者直接跳过这一步开始绘制 PCB，这样的做法得不偿失。对于一些简单的板子，如果熟悉流程，不妨可以跳过。但对于初学者而言一定要按照流程来，这样一方面可以养成良好的习惯，另一方面处理复杂电路时也能避免出现错误。由于软件差异性及电路的复杂性，有些单端网络、电气开路等问题不经过相关检测工具检查就盲目生产，等板子生产完毕，错误就无法挽回了，所以 PCB 流程化的设计是很必要的。

**学习目标：**

➤ 掌握原理图的常见编译检查及 PCB 的完整导入方法
➤ 掌握板框的绘制定义及叠层
➤ 掌握交互式布局及模块化布局操作
➤ 掌握常用 Class 及规则的创建与应用
➤ 掌握常用走线技巧及铜皮的处理方式
➤ 掌握差分线的添加及应用
➤ 熟悉蛇形线的走法及常见等长方式处理

由于篇幅限制，书中有些操作步骤叙述不够详细的，可以参考光盘或论坛（www.pcbbar. com）。

## 4.1 编译与设置

在绘制完原理图之后，绘制 PCB 之前，工程师可以利用软件自带的 ERC 功能对常规的一些电气性能进行检查，避免一些常规性错误和查漏补缺，以及正确完整地导入 PCB 进行电路设计。

下面我们针对 PCB 设计来讲解一些最常见的检查项。

### 4.1.1 原理图编译参数设置

（1）执行菜单命令"Project-Project Options"，进入编译参数设置窗口。

（2）在"Report Mode"选项中选择报告类型，我们通常选择"Fatal Error"类型，方便查看错误报告，如图 4-1 所示列出常见的检查项：

Duplicate Part Designators——重复的器件位号；

Floating net labels——悬空的网络；

Nets with multiple names——重复命名的网络；

Nets with only one pin——单点网络。

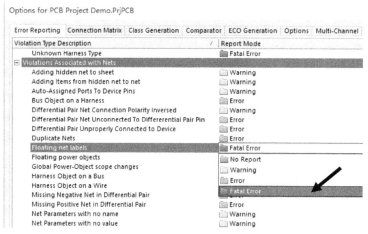

图 4-1　ERC 报告项及类型设置

## 4.1.2　原理图编译

（1）编译项设置之后即可对原理图进行编译，执行菜单栏命令"Project-Compile PCB Project XXX.PrjPcb"即可完成原理图编译。

（2）在右下角，单击"System-Messages"显示编译报告，如有相关错误报告，在 Messages 窗口中会用红色标记出来，双击对应的红色报告，可以跳转到原理图相对应的位置进行查看和检查，如图 4-2 所示。

图 4-2　Message 报告

系统默认的"Error"项，在编译之后也要注意一下，或者在设置的时候清楚哪些可以忽略，不可忽略的直接设置为"Fatal Error"类型。

## 4.2　原理图实现同类型器件连续编号

原理图绘制我们常利用复制的功能，存在位号重复、同类型器件编号杂乱的现象，对后期 Bom 表的整理十分不便。是否重复我们可以通过前节编译的方式进行 查验。

（1）利用原理图批量信息修改的方式，选中相同 Comment 的器件，此处以 100K 为例。

（2）执行菜单命令"Tools-Annotate Schematics..."，如图 4-3 所示，进入位号排列窗口。并按照步骤使能和更新，可以针对性地执行重新编号。其他阻值的电阻都使用同样的方法，依次往后排序即可。

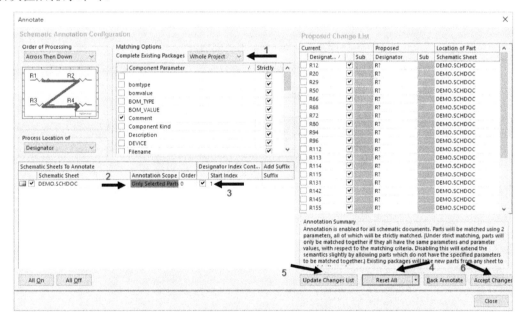

图 4-3　位号的重新编排

## 4.3　原理图批量信息修改

有时画好原理图后，又需要对某些同类型器件进行数据的修改，一个一个地修改比较麻烦，下面介绍一个快速高效的修改方法。

（1）选中某个器件，右键选择"Find Similar Objects..."，进入筛选工具，如图 4-4 所示，在 Part Comment 栏中，选择"Same"。

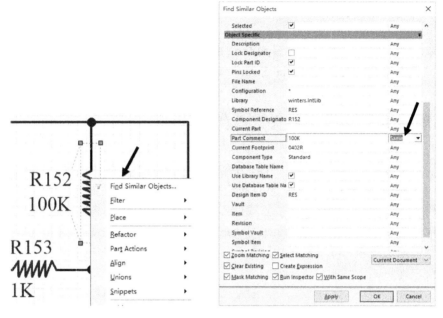

图 4-4　Comment 的匹配选择

（2）适配选中器件后会弹出对应属性窗口，在"Part Comment"栏中可以全局更改参数值。此种方法可以更改封装、Comment 等信息，如图 4-5 所示。

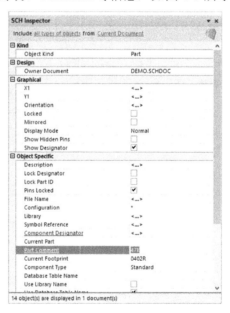

图 4-5　Comment 值的更改

## 4.4　原理图封装完整性检查

在执行原理图导入 PCB 操作之前，我们通常需要对原理图封装的完整性进行检查，以确保所有的器件都存在封装。

### 4.4.1　封装的添加、删除与编辑

（1）执行菜单命令 Tools—Footprint Manager…，如图 4-6 所示，进入封装库管理器，可以查看所有器件的封装信息。

图 4-6　封装库管理器

（2）如图 4-7 所示，点选"Current Footprint"，可以对当前封装进行排序，检查封装的完整性，若某个器件没有添加封装，会优先在前排显示处理，可以在右侧执行"Add"命令添加新的封装。

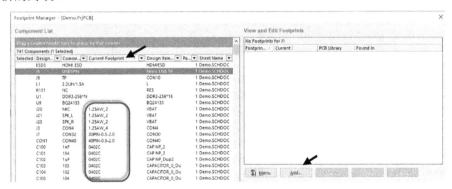

图 4-7　封装的检查与操作

（3）封装库管理器可以对一个或多个器件进行封装，进行添加、删除、编辑等操作，同时可以通过 Comment 等值筛选，局部或全局更改（或添加）修改封装名，如图 4-8 所示。

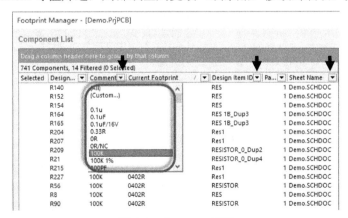

图 4-8　Comment 刷选

（4）对封装进行完编辑、添加等操作之后，执行"Accept Changes（Create ECO）"，对原理图执行更新。

### 4.4.2　库路径的全局指定

很多原理图工程师喜欢从系统自带库中调用原理图库，但是其 PCB 封装名称或路径无法匹配到自己想要的库，这时候就会存在比较紊乱的关联关系，需要我们进一步明确库路径的指定。

（1）首先，指定库路径前，要删除 PCB 中已关联的系统库，打开 PCB 界面，单击右下角"System"菜单中的"Libraries"按钮，可调出如图 4-9 所示库编辑页面。

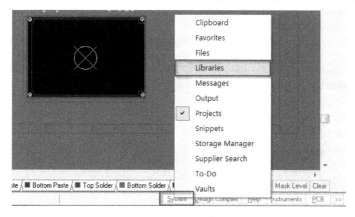

图 4-9　Libraries 的调用

（2）如图 4-10 所示，单击"Libraries"按钮，进入库的安装编辑界面，在图中选择"Installed"下的所有封装库，再单击 Remove"按钮，完成系统关联库的移除操作。

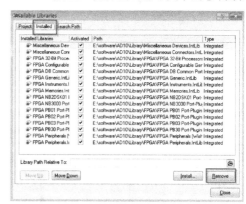

图 4-10　库的安装界面

（3）执行菜单命令"Tools-Footprint Manager"打开封装库管理器，如图 4-11 所示，全选左框中所有器件和右框中所有封装名，在右框中右击，选择下拉菜单中"Change PCB Library"按钮，在匹配路径对话框中选择"Any"匹配项，可以实现工程目录下多个 PCB 库的任意匹配，或可以选择"Library Path"，选择指定的路径，如图 4-12 所示。

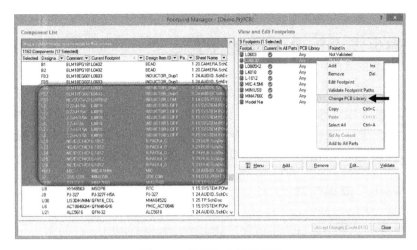

图4-11　批量修改封装匹配

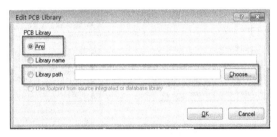

图4-12　封装库路径的匹配

小 助 手 提 示

　　如果项目比较多，建议以项目为单位管理"库"文件，路径匹配直接选用"Any"，避免路径匹配问题带来的烦琐问题。

　　（4）修改或选择完库路径后，单击OK，执行"Accept Changes（Create ECO）"命令，在所得到的图中单击"Execute Changes"按钮，即可完成全局指定封装库路径，如图4-13所示。

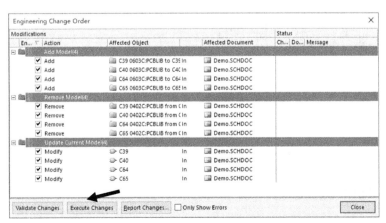

图4-13　执行变更

## 4.5 网表的生成及 PCB 元器件的导入

网表，顾名思义是网络连接和联系的表示，其内容主要是电路图中各个元器件类型、封装信息、连接流水序号等数据信息，在使用 Altium 软件进行 PCB 设计的时候可以通过导入网络连接关系进行 PCB 的导入。当今几大主流 PCB 设计软件都支持 Altium 格式网表导出，这也极大地提高了 Altium 软件对其他类设计软件的兼容性。

### 4.5.1 Protel 网表生成

（1）Protel 原理图界面执行菜单命令 "Design-Create Netlist..."，如图 4-14 所示，选择输出格式 "Protel" 及应用范围 "Active Project"，进行网表输出。

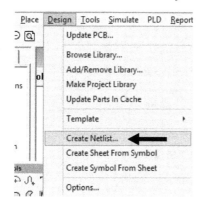
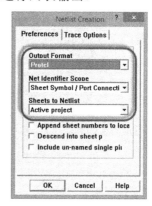

图 4-14 Protel 网表输出

（2）在输出的网表上右键选择 "Export" 可以对生产的网表进行设置路径存放，如图 4-15 所示。

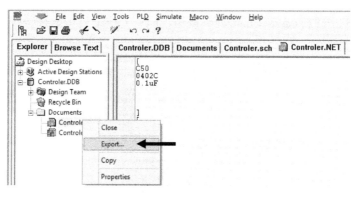

图 4-15 网表的导出

### 4.5.2 Altium 网表生成

执行菜单命令 Design-Netlist For Project-Protel，在 Generated 文件目录下，创建了一个

整个项目工程网表。右键选择"Explore"，寻到所在路径，可以单独调用该网表，如图 4-16
所示。

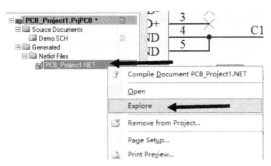

图 4-16 网表的路径查找

## 4.6 PCB 元器件的导入

Altium 原理图导入 PCB，存在两种方式，一种是直接法，类似 Allegro 的第一方导入，
另外一种是网表法。

### 4.6.1 直接导入法（适用 AD 原理图，Protel 原理图可用网表法）

在原理图界面执行命令 Design→Updata Pcb Document...或者在 PCB 界面执行 Design→
Import Changes From ...如图 4-17 所示。

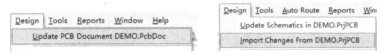

图 4-17 Altium 的直接导入

如图 4-18 所示进入导入执行窗口，Execute change 命令可以进行导入操作，通过右边
的 Status 可以查看导入状态，"✓"表示导入没问题，"✗"表示导入存在问题。

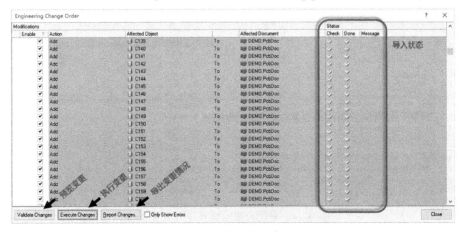

图 4-18 导入执行窗口

### 4.6.2 网表对比法（适用 Protel、Orcad 等第三方软件）

在工程目录下右键执行 Add Existing to Project...把需要对比导入的网络表添加到工程中，再右键选择 Show Differences 命令进入网络对比窗口，分别如图 4-19 和图 4-20 所示。

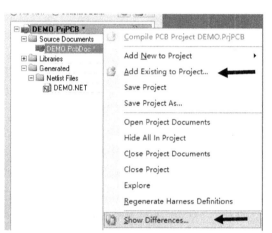

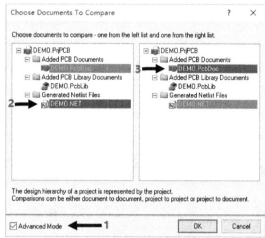

图 4-19　执行对比命令　　　　　　　　　　图 4-20　网表对比法导入

按照图 4-20 所示步骤：

（1）勾选"Advanced Mode"高级模式；

（2）选择左边需要导入的网络表；

（3）选择右边需要更新进入的 PCB，执行"OK"命令；

（4）出现对比结果反馈窗口，如图 4-21 所示，继续右键选择命令 Update All in>> PCB Document[DEMO.PcbDoc]，把对比的相关结果准备导入进去 PCB；

（5）执行左下角"Create Engineeing change Order.."命令，进入和直接法一样的"导入执行窗口"。

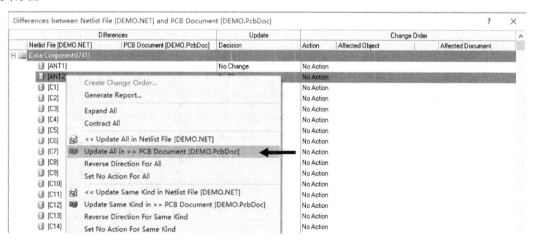

图 4-21　对比反馈窗口及导入效果图

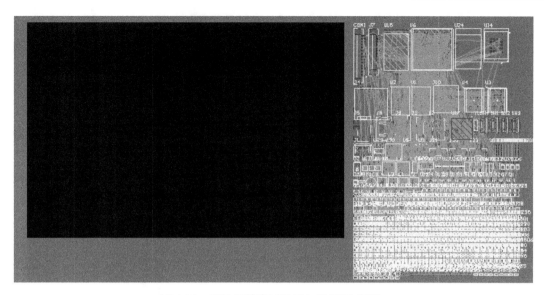

图 4-21　对比反馈窗口及导入效果图（续）

## 4.7　板框定义

很多消费类板卡的结构都是异形的，由专业的 CAD 结构工程师对其进行精准的设计，PCB Layout 工程师可以根据结构工程师提供的 2D 图（.DWG 或.DXF 格式）进行精准的导入操作，在 PCB 中定义板型结构。

### 4.7.1　DXF 结构图转换及导入

导入之前建议把 CAD 文件转换至 2004 及以下的版本，Altium 软件兼容性会更高。

（1）创建一个新的 PCB 文档，打开新建的 PCB，执行菜单栏命令"File-Import-DXF/DWG"，选择需要导入的 DXF 文件，如图 4-22 所示。

图 4-22　DXF 的导入

若此项无法选择 DXF 或者 DWG 格式，请参照后文中"AD15 中关于插件的安装方法"。

（2）导入属性设置窗口：

① Scale 设置导入单位【需和 CAD 单位保持一致】；

② 设置比例尺【CAD 放大缩小系数】；

③ 选择需要导入到层；

④ 为方便识别可以单个更改邮件更改导入的层数，也可以全部更改到某一层，如图 4-23 所示。

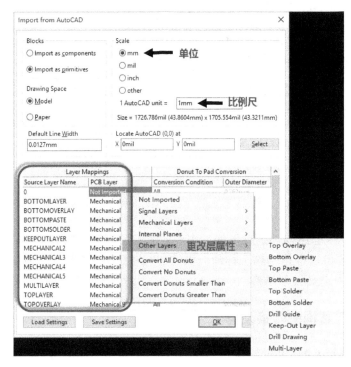

图 4-23　DXF 文件的导入设置

（3）导入结构图如下，选择你要定义的闭合的板框线，执行 Design-Board Shape-Define from selected objects 命令，即可完成板框的定义，如图 4-24 所示。

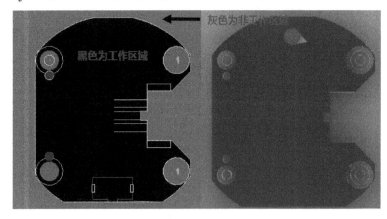

图 4-24　导入板框效果图

### 4.7.2　自绘板框

一些比较常见并简单的正方形或板框，在 PCB 直接绘制即可完成，也比较直观简单，板框一般放置在机械层或者 keepout 层，下面以放置在机械一层为例。

（1）如图 4-25 所示，在 PCB 界面执行 Place-Line，直接绘制需要绘制的闭合板框形状。

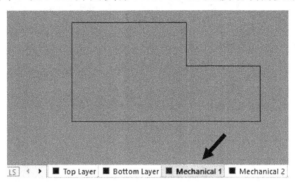

图 4-25　手绘板框

（2）选中所绘制的闭合板框，一定是需要闭合的，不然会定义不成功。执行 Design-Board Shape-Define from selected objects 命令，即可完成板框的定义，如图 4-26 所示手绘板框效果图。

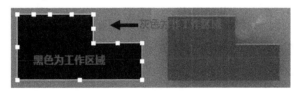

图 4-26　手绘板框效果图

## 4.8　层叠的定义

### 4.8.1　正片、负片

正片就是平常用在走线的信号层，即走线的地方是铜线，用 Polygon Pour 进行大块覆铜填充，如图 4-27 所示。

图 4-27　正片

负片正好相反，即默认覆铜，走线的地方是分割线，也就是生成一个负片之后整一层就已经被覆铜了。要做的事情就是分割覆铜，再设置分割后的覆铜的网络，如图 4-28 所示。

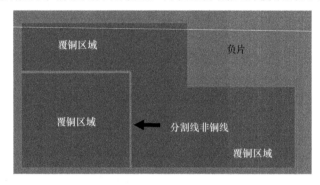

图 4-28　负片

### 4.8.2　内电层的分割实现

在 PROTEL 之前的版本，内电压是用 Split 来分割的，而现在用的版本 Altium Designer Summer 16 是直接用 Line，快捷键 PL 来分割，分割线不宜太细，可以选择 15mil 及以上。分割覆铜时，只要用 LINE 画一个封闭的多边形框，再双击框内覆铜设置网络即可。

正负片都可以用于内电层，正片通过走线和覆铜也可以实现。负片的好处在于默认大块覆铜填充，再添加过孔，改变覆铜大小等操作都不需要重新"Rebuild"，这样省去了 PROTEL 重新覆铜计算的时间。中间层用于电源层和 GND 层时候，层面上大多是大块覆铜，这样用负片的优势就很明显。

### 4.8.3　层的添加及编辑

为了满足多层板设计的需要，层叠的设计存在很大的必要性，层叠的好或差直接影响高速 PCB 的 PI、SI。层叠设置是我们 PCB 设计必须要做的工作，因为涉及面比较广，在此只简单介绍在 Altium 中如何进行叠层。

执行菜单命令 Design-Layer Stack Manager，如图 4-29 所示，进入层叠管理器，进行相关参数设置。

（1）单击"Add Layer"可以进行增加层操作，可添加正片或负片；

（2）"Move up"和"Move Down"可以对增加的层顺序进行调整；

（3）双击相应的 Layer Name 可以更改名称，方便识别；

（4）根据层叠结构设置板厚；

（5）为了满足设计的"20H"，可以设置负片层的内缩量；

（6）单击"OK"，完成层叠设置，一个四层板叠层效果如图 4-30 所示。

 小 助 手 提 示

建议信号层采取"正片"的方式处理，电源层和 GND 层采取"负片"的方式处理，可以很大程度上减小文件数据量的大小和提高设计的速度。

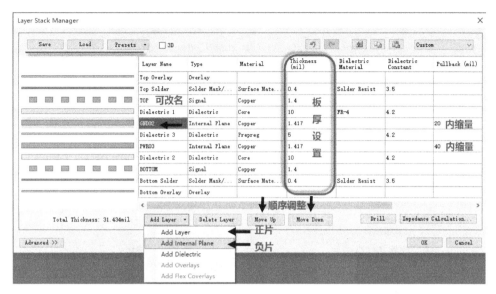

图 4-29　层叠管理器

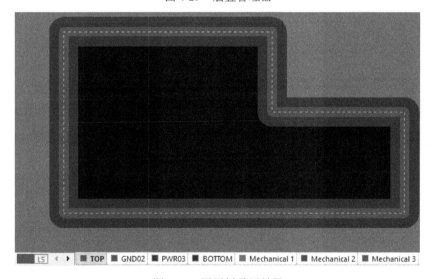

图 4-30　四层板叠层效果

# 4.9　交互式布局与模块化布局

## 4.9.1　交互式布局

为了方便器件的找寻，需要把原理图与 PCB 对应起来，使两者之间能相互映射，简称交互。利用交互式布局可以比较快速地解决元器件的布局问题，缩短设计时间，提高工作效率。

（1）为了达到原理图和 PCB 两两交互，如图 4-31 所示，需要在原理图界面和 PCB 界面都执行菜单命令"Tools-Cross Select Mode"，选择交互按钮。

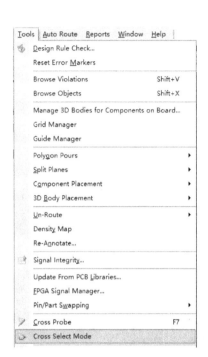

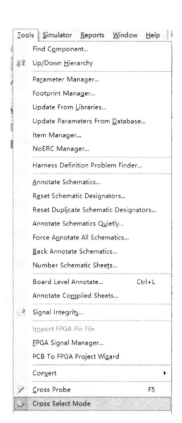

图 4-31    Cross Select Mode 模式

（2）如图 4-32 所示，我们可以看到在原理图上选中器件操作之后，PCB 上器件会同步选中，反之在 PCB 上选中某个器件，原理图也会被选中。

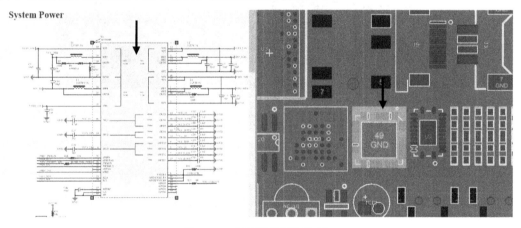

图 4-32    交互模式下的选择

## 4.9.2    模块化布局

模块化布局之前介绍一个器件排列的功能：Arrange Components Inside Area（矩形器件放置框）：可以在布局初期方便地把一堆杂乱的器件按模块分开并摆放整齐，如图 4-33 所示。

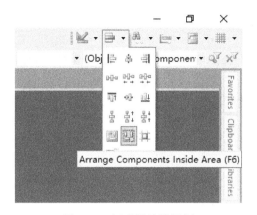

图4-33 矩形器件放置框

模块化布局和交互式布局是密不可分的，利用交互式布局，当在原理图上选中某个模块时，自然地，PCB上的所有相关的元器件将全部被选中。接下来我们利用排列功能把其排列在一起，就可以进一步细化选中其中某个IC、电阻、二极管了。这就是模块化布局，效果如图4-34所示。

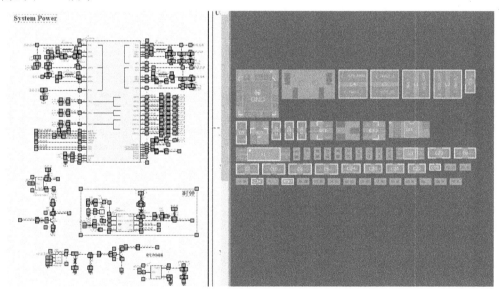

图4-34 模块化布局效果图

在模块化布局的时候可以通过"Split Vertical"功能对原理图和PCB界面进行分屏处理，方便布局。

## 4.10 器件的对齐与等间距

其他类设计软件通常是通过格点来对齐走线、对齐过孔、对齐器件，Altium提供了非常方便的对齐功能，可以对上述元素实行向上对齐、向下对齐、向左对齐、向右对齐、横向等间距对齐、竖向等间距对齐。

（1）选中需要对齐的元素，执行快捷键"A-A"，物件对齐命令如图 4-35 所示，在弹出的窗口选择相应的对齐命令，实现对齐功能。

（2）或者直接选择快捷键"A"，然后选择执行相应的对齐命令，对齐功能如图 4-36 所示。

| Align Left | 向左对齐（快捷键"AL"） |
| Align Right | 向右对齐（快捷键"AR"） |
| Distribute Horizontally | 横向等间距（快捷键"AD"） |
| Align Top | 向上对齐（快捷键"AT"） |
| Align Bottom | 向下对齐（快捷键"AB"） |
| Distribute Vertically | 纵向等间距（快捷键"AS"） |

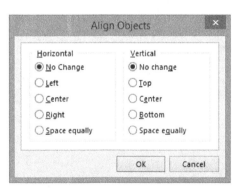

图 4-35　物件对齐命令

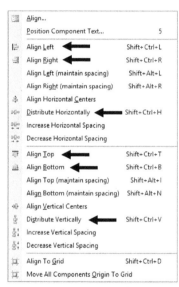

图 4-36　对齐功能

## 4.11　全局操作

全局操作功能可以用来修改整板或局部的丝印大小、器件锁定、过孔大小、线宽大小属性等。

1）全局窗口的调用

（1）shift+双击，调出全局操作窗口；

（2）选中需要全局操作的物件，按 F11 调出全局操作窗口；

（3）在需要全局操作的物件上右击选择 Find Similar Object，然后单击 OK 调出全局操作命令窗口。

2）实例说明全局操作的过程

（1）整板丝印的更改。

① 如图 4-47 所示，在想要改的字体上右击，执行 Find Similar Object 命令。

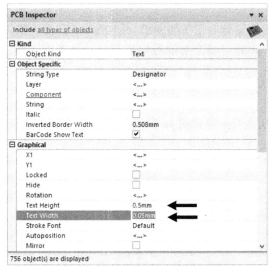

图 4-37　全局操作设置

② "Text" 和 "Designator" 属性更改为 "Same"，之后单击 OK。如图 4-38 所示，调出全局操作界面，更改需要全局操作的属性，比如字体大小更改为高度 0.5mm/宽度 0.05mm，单击 OK，即可完成操作。

（2）局部过孔属性全局操作。

① 框选需要更改属性的过孔；

② 按功能键 F11 调出全局操作界面；

③ 更改需要全局操作的属性，过孔的全局属性修改如图 4-39 所示。

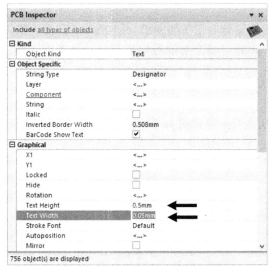

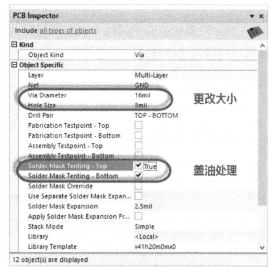

图 4-38　丝印的全局属性修改　　　　　　　图 4-39　过孔的全局属性修改

## 4.12 "Select" 的使用

"Selcet" 选择是设计中用到最多的命令之一，包括线选、框选、反选等。执行快捷命令 "S"，调用选择命令菜单，选择器的使用如图 4-40 所示。在此介绍几种常用选择命令：

| 命　　令 | 命令释义 | 快捷键 |
|---|---|---|
| Inside Area | 框选 | SI |
| Outside Area | 反选 | SO |
| Touching Line | 线选 | SL |
| Net | 选择网络 | SN |
| Toggle Selection | 切换多选 | ST |

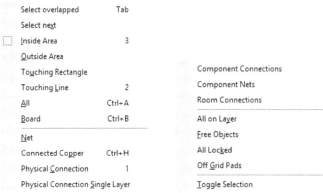

图 4-40　选择器的使用

## 4.13 Class 的创建与设置

Class 就是把想要的网络（如地网络），想要的差分对组（如 90Ω 或 100Ω），归为一组，方便后面对齐进行规则的设置或统一编辑管理。此处对最常用的网络类和差分类进行介绍。

### 4.13.1 网络 Class

执行菜单栏命令 Design—Class（D+C），创建类与重命名如图 4-41 所示，进入 Class 设置。右击可以创建新的类或重名类。

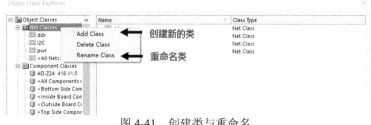

图 4-41　创建类与重命名

网络的添加如图 4-42 所示，把未分类网络添加到左边窗口完成网络的分类。

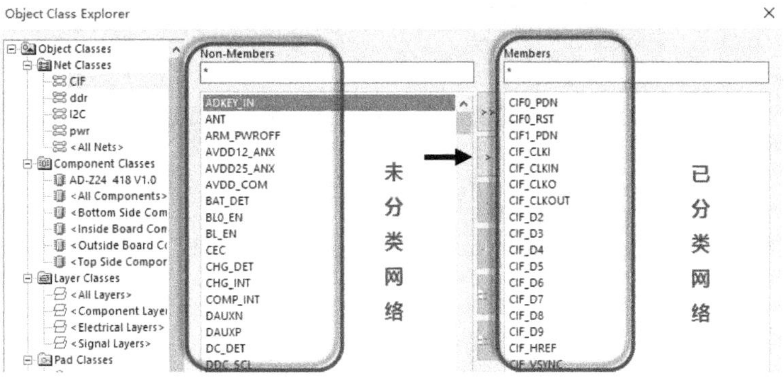

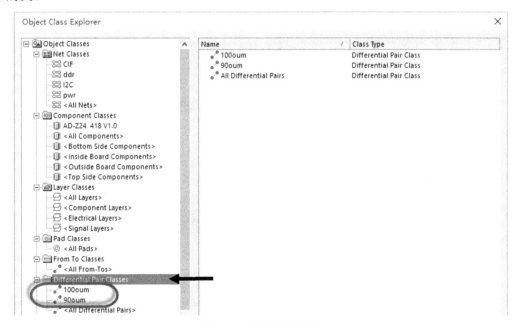

图 4-42　网络的添加

### 4.13.2　差分对类的设置

差分对类的设置和网络类的创建稍微有点差异，需要在类管理器添加分类名称，然后在差分编辑器中进行添加。

（1）差分类的创建如图 4-43 所示，类似网络类的创建，先创建一个"90"Ω 和"100"Ω 的类。

图 4-43　差分类的创建

（2）差分对编辑器如图 4-44 所示，在 PCB 界面右下角状态栏上点选 PCB-PCB，调出差分对编辑器。

（3）执行"Add"命令，可以手动添加差分网络，并可以按图 4-45 所示，更改差分对名称，方便识别。

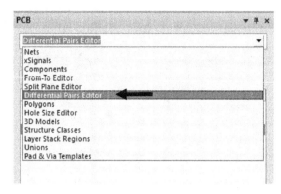

图 4-44　差分对编辑器

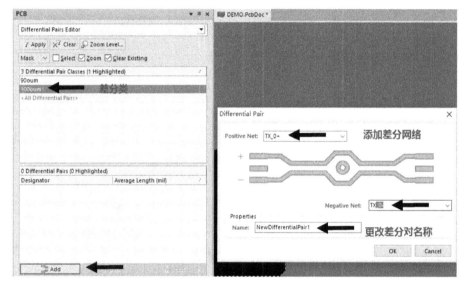

图 4-45　手工添加差分对

当然也可以通过网络匹配来创建，网络匹配添加差分对如图 4-46 所示，通常使用到的匹配符有"+""−"、"P""N"、"P""M"。

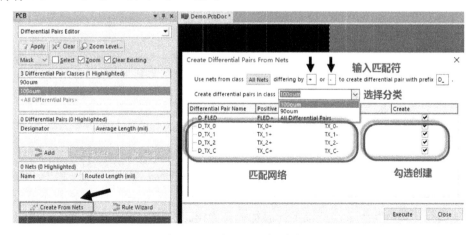

图 4-46　网络匹配添加差分对

## 4.14    鼠线的打开及关闭

鼠线又叫飞线，指两点间表示连接关系的线。鼠线有利于理清信号的流向，有逻辑地布线。在布线的时候我们可以选择性地对某类网络或某个网络的鼠线进行关闭与打开。

（1）PCB 界面右下角状态栏上点选 PCB-PCB，调出 Net 编辑窗口，可以单独对某个网络或某个网络类进行操作，如图 4-47 所示。

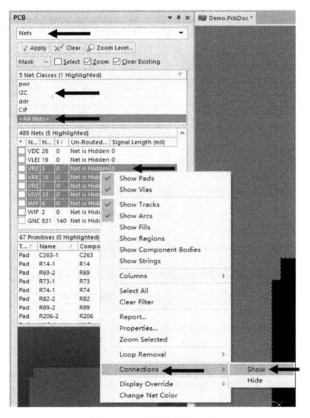

图 4-47    网络鼠线的开关

（2）在 PCB 界面按快捷键"N"，快捷鼠线开关如图 4-48 所示。

① Net 针对单个或多个网络操作；

② On Component 针对器件网络鼠线操作；

③ All 针对整个鼠线进行操作。

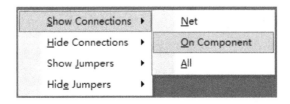

图 4-48    快捷鼠线开关

## 4.15 Net 的添加

很多 Protel 老工程师一般习惯直接在 PCB 中绘制无网络的导线条进行 PCB 设计，往往是只有设计工程师自己比较清楚连接关系，而对后期维护的工程师会造成相当大的困扰。那么如何给无网络的 PCB 添加网络编号呢？

（1）执行菜单命令 Design-Netlist-Edit Nets...进入网络编辑管理器。"Edit"——对已存在的网络进行网络名称的编辑，"Add"——添加一个新的网络名称，"Delete"——删除已经存在的某个网络，网络编辑器如图 4-49 所示。

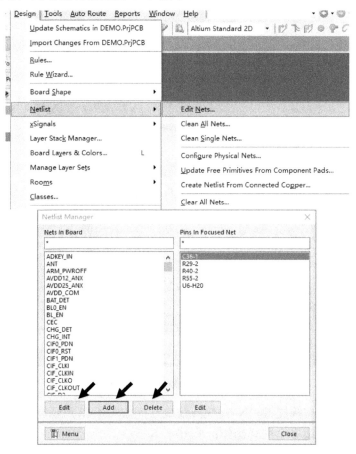

图 4-49　网络编辑器

（2）执行网络编辑器的"Add"命令，添加一个新的网络，对新的网络名称进行定义，即可完成网络的添加，如图 4-50 所示。

 小助手提示

在增加网络名称时，电源和 GND 尽量不用流水号来添加，为了方便识别，直接添加"VCC、VDD、GND"等标示。

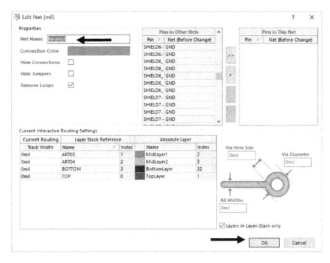

图 4-50　网络的添加

## 4.16　Net 及 Net Class 的颜色管理

通常为了方便识别信号走线，我们常常对网络或者某个网络类别进行颜色设置，可以很方便地理清信号流向和识别网络。

（1）在 PCB 界面右下角点选 "PCB-PCB-Nets"，调用网络管理器；

（2）选择某个已经设置好的 "Class"，在包含的网络中选择一个或多个网络。

（3）单击 "右键"，执行命令 "Change Net Color"，对单个网络或者多个网络的颜色进行变更，如图 4-51 所示。

（4）单击 "右键"，执行命令 "Display Override-Selected On"，对设置的颜色进行使能。

（5）在 PCB 设计的时候，Altium 设置了一个快捷调用颜色设置的开关，就是我们键盘上的功能键 "F5"，如果按照上述步骤设置后没有颜色显示，可以按 "F5"，进行开关切换。

图 4-51　Net 颜色管理器

## 4.17　层的属性

### 4.17.1　层的打开与关闭

在做多层板的时候，我们经常需要单独用到某层或者多层的情况，这种情况就要用到层的打开与关闭功能。

执行快捷键"L"，可以对单层和多层进行显示与关闭操作，使能即打开，不使能即关闭，如图4-52所示。

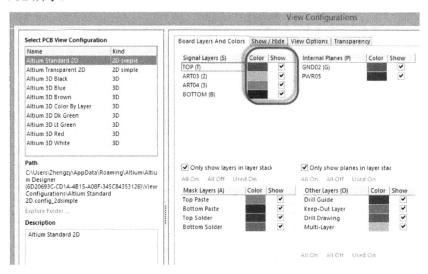

图 4-52　层的关闭与显示

## 4.17.2　层的颜色管理

为了设计时方便识别层属性，我们可以对不同层的线路默认颜色进行设置，还是执行快捷键"L"，进入层与颜色管理器，层的颜色设置如图4-53所示，在颜色栏双击，可以对齐进行颜色变更设定。

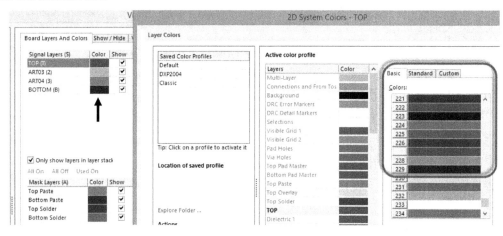

图 4-53　层的颜色设置

## 4.18　Objects 的隐藏与显示

在设计的时候，为了很好地识别和引用，我们有时候会执行关闭走线、显示过孔或隐藏铜皮等操作。

执行快捷键"Ctrl+D"，可以对列出来的各类元素进行隐藏和显示操作，如图 4-54 所示。Final——显示，Draft——半透明显示，Hidden——关闭隐藏。

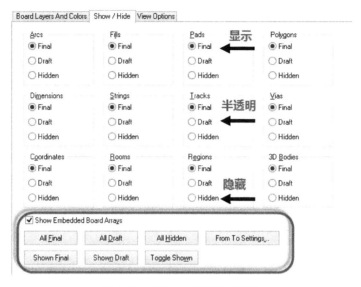

图 4-54 Objects 的显示与隐藏

## 4.19 特殊复制粘贴的使用

怎么同等间距复制很多过孔？怎么带网络复制走线？怎么把器件带位号、带网络从当前 PCB 中调用到另外的 PCB 中……以上问题，我们可以使用特殊粘贴法来实现。

（1）选中需要复制的元素（过孔或走线或器件），按照正常方式"Ctrl+C"进行复制。

（2）执行菜单命令"Edit-Paste Special"，进入特殊粘贴设置窗口，如图 4-55 所示。

① Paste on current layer——复制粘贴到当前所在层；

② Keep net name——带网络粘贴；

③ Duplicate designator——带器件位号粘贴；

④ Add to component calss——把器件添加到器件类中（针对器件复制）。

图 4-55 特殊粘贴设置窗口

（3）设置好之后可以直接粘贴，或点选"Paste Array..."对粘贴进行排列设置，如图 4-56 所示，可选"圆形"或者"直线型"粘贴方式，效果如图 4-57 所示。

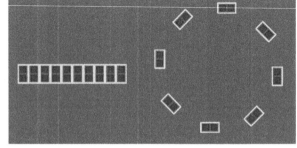

图 4-56　选择粘贴排列方式　　　　　　图 4-57　直线粘贴及圆形粘贴效果图

## 4.20　偏好线宽和过孔的设置

在高速 PCB 设计中，经常会遇到各类信号走线适配阻抗，或者当 BGA 扇出走线的时候，会经常用到变更线宽或过孔的大小。在设计之前我们经常预先设置好一些常用线宽，方便设计时进行调用。

（1）执行菜单命令"DXP-Preferences-PCB Editor-Interactive Routing"；

（2）如图 4-58 所示，"Favorite Interactive Routing Widths"可以对偏好线宽进行设置，"Favorite Interactive Routing Via Sizes"可以对偏好过孔进行设置；

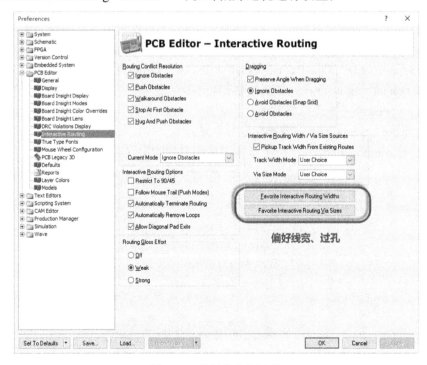

图 4-58　偏好线宽与过孔

（3）如图 4-59 所示，可以根据需要对常用线宽或过孔进行添加、删除、编辑等操作；

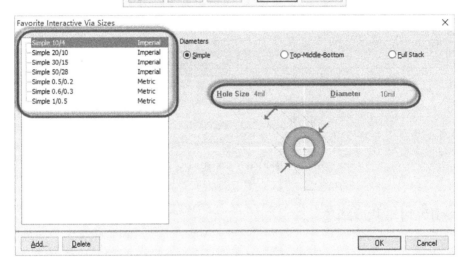

图 4-59　常用参数编辑

（4）在设计过程中快捷键"Shift+W"可以对偏好线宽进行调用，"Shift+V"可以对偏好过孔进行调用。

## 4.21　多根走线的方式

为了达到快速走线的目的，有时可以采取总线走线的方法，即多根走线的方式。如图 4-60 所示，在操作的时候需要选中所需走线的网络。

（1）执行菜单命令 Tools→Legacy Tools→Multiple Traces（快捷键 TTM），直接进行拉线。此方法不可更改走线间距和线宽属性。

（2）执行菜单命令 Place→Interactive Multi→routing（快捷键 PM），直接进行拉线。此方法可以更改走线间距和线宽属性。

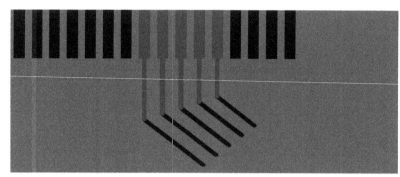

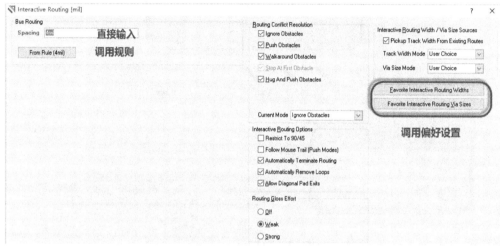

图 4-60　多根走线

## 4.22　铜皮的处理方式

PCB 中铜皮起到载流、平衡等作用，实心铜、网格铜、铜皮的钝角修正等都要用到铜皮的设置及管理。

### 4.22.1　局部覆铜

（1）执行菜单命令"Place→polygon pour"，进行放置。如图 4-61 所示，常用选择"Hatched （Tracks/Arcs）动态覆铜方式。实心覆铜可以把线宽设置得比格点大一些，推荐线宽 5mil，格点 4mil，反之为网格铜皮。

（2）Net Options 栏中选择"Pour Over All Same Net Objects"选项，并勾选"Remove Dead Copper"移除死铜选项。

 小 助 手 提 示

覆铜线宽和间距设置小点的时候，覆铜更容易进入一些电阻容的缝隙中，造成狭长铜皮的出现，也不易过大，容易造成铜皮的断裂，影响平面完整性。

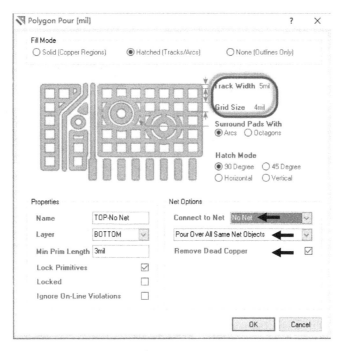

图 4-61　覆铜的方式

## 4.22.2　全局覆铜

全局铜皮一般在整板覆铜好之后进行操作，执行命令 Tools—Polygon Pours—Polygon Manager 进入铜皮管理器来执行相关操作，如图 4-62 所示。

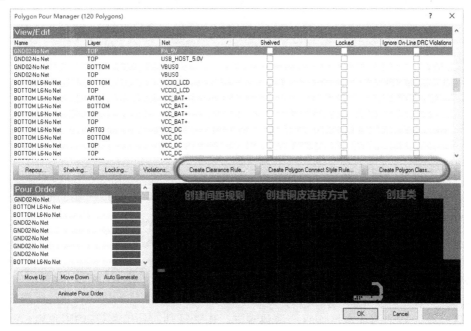

图 4-62　铜皮管理器

### 4.22.3　覆铜技巧

（1）有时在铺完铜之后还需要去删除一些碎铜或尖岬铜皮，Cutout 的放置如图 4-63 所示，可以执行菜单命令 Place—Polygon Pour Cutout，放置 Cutout 进行割除。

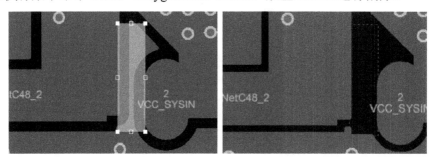

图 4-63　Cutout 的放置

（2）在修铜时可以利用 Place—slice polygon pour（快捷键 PY）分离铜皮或利用此功能来修钝角，如图 4-64 所示。

图 4-64　铜皮钝角的修整

## 4.23　设计规则

对于 PCB 的设计，Altium 提供了详尽的 10 种不同的设计规则，这些设计规则包括间距规则、导线布线方法、元件放置、布线规则、元件移动和信号完整性等规则。此处只对最常用的规则进行介绍说明。

执行菜单栏命令 Desing/Rules ……（D+R），系统将弹出如图 4-65 所示的 PCB Rules and Constraints Editor（PCB 设计规则和约束）对话框。

对话框左侧显示的是设计规则的类型，共分 10 类。左边列出的是 Desing Rules（设计规则），右边则显示对应设计规则的设置属性。

执行对话框左下角 Priorities 命令，可以对同时存在的多个设计规则设置优先级，如图 4-66 所示。

对这些设计规则的基本操作有：新建规则、删除规则、导出和导入规则等，可以在左边任一类规则上右击鼠标，将会弹出如图 4-67 所示的菜单。

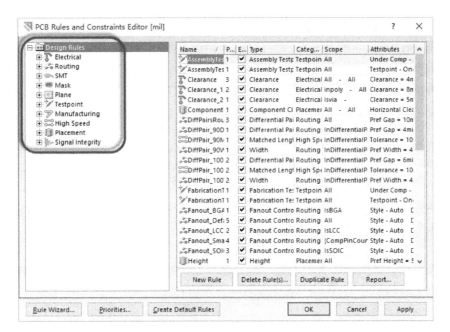

图 4-65 规则约束管理器

图 4-66 规则优先级

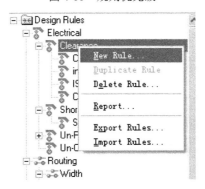

图 4-67 规则的新建与编辑

（1）New Rule 新建一个规则；

（2）Export Rules 将规则导出，将以.rul 为后缀名导出到文件中；

（3）Import Rules 从文件中导入规则；

（4）Report…，将当前规则以报告文件的方式给出。

### 4.23.1 电气规则

图 4-68 新建间距规则

Electrical（电气设计）规则是设置电路板在布线时必须遵守的规则，包括安全距离、短路允许等 4 个小方面设置。

#### 1. Clearance（安全距离）选项区域设置

（1）在 Clearance 上右击鼠标，从弹出的快捷菜单中选择 New Rule ……选项，新建间距规则如图 4-68 所示。

系统将自动以当前设计规则为准，生成名为 Clearance_1 的新设计规则，如图 4-69 所示，进入规则设置窗口。

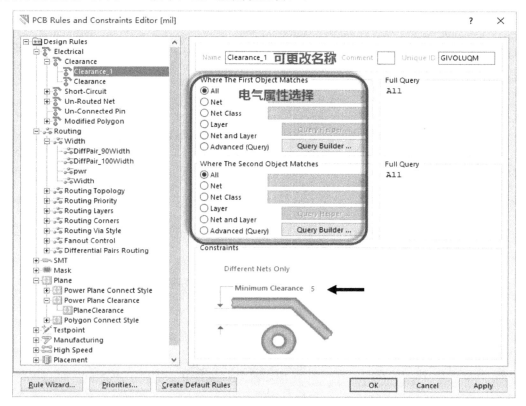

图 4-69　规则设置窗口

（2）在 Where the First Object Matches 选项区域中选定一种电气类型。

① ALL 针对所有的电气属性；

② Net 针对单个网络；

③ Net Class 针对所设置的网络类；

④ Net and Layer 针对网络与层。

（3）同样在 Where the Second Object Matches 选项区域中也选定一种电气类型。

（4）在 Constraints 选项区域中的 Minimum Clearance 文本框里输入需要设置的参数值。

（5）单击 Close 按钮，将退出设置，系统自动保存更改。

**2．常用间距规则设置实例**

1）过孔和走线的间距

（1）点选"Advanced（Query）"高级自定义。

（2）Condition Type/Operator 选择定义规则对象"IsTrack"。

（3）Where the Second Object Matches 选项栏，同样操作选择规则对象"Isvia"。

（4）在 Constraints 选项区域中的 Minimum Clearance 文本框里输入需要设置的参数值。后期如果对规则代码比较熟悉了，可以在 Full Query 窗口直接输入相关规则代码，过孔和走线的间距规则如图 4-70 所示。

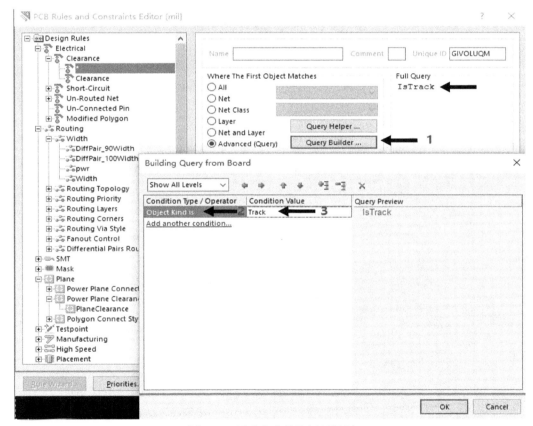

图 4-70　过孔和走线的间距规则

2）走线与焊盘的间距

走线与焊盘的间距设置如图 4-71 所示。

3）铜皮与所有的间距

铜皮间距设置如图 4-72 所示。

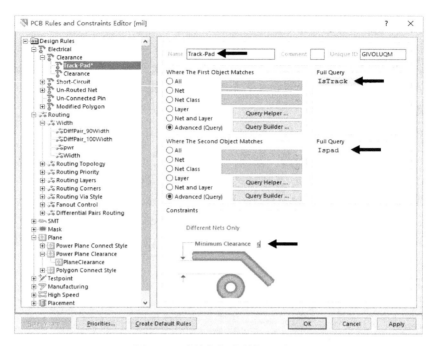

图 4-71　走线与焊盘的间距设置

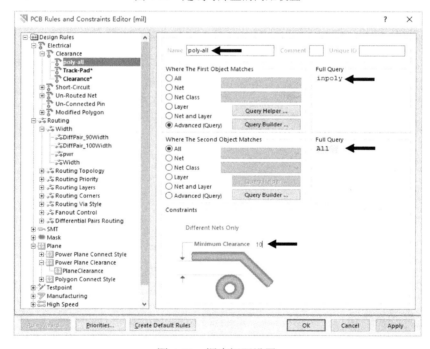

图 4-72　铜皮间距设置

## 4.23.2　Short Circuit（短路）设置

短路设置就是是否允许电路中有导线交叉短路。设置方法同上，系统默认不允许短路，即取消 Allow Short Circuit 复选项的选定。短路设置如图 4-73 所示。

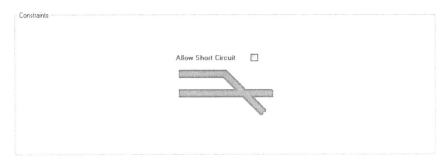

图 4-73　短路设置

### 4.23.3　Routing（布线设计）规则

Width（导线宽度）选项区域设置。导线的宽度有三个值可供设置，分别为 Max width（最大宽度）、Preferred Width（最佳宽度）、Min width（最小宽度）三个值。系统对导线宽度的默认值为 10mil，单击每项直接输入数值进行更改。线宽规则的设置如图 4-74 所示。同样可以采用之前设置的网络 Class 进行设置。

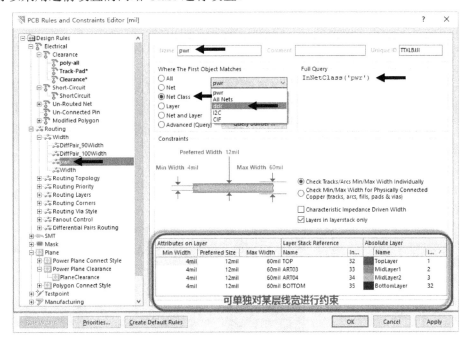

图 4-74　线宽规则的设置

### 4.23.4　Routing Via Style（过孔）设置

该规则设置用于设置布线中过孔的尺寸，如图 4-75 所示。可以调协的参数有过孔的直径 Via Diameter 和过孔中的通孔直径 Via Hole Size，包括 Maximum（最大值）、Minimum（最小值）和 Preferred（最佳值）。设置时须注意过孔直径和通孔直径的差值不宜过小，否则将不宜于制板加工。

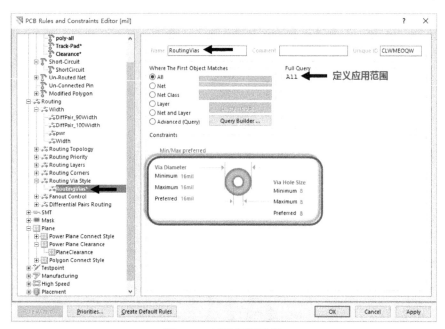

图 4-75　过孔规则设置

## 4.23.5　阻焊的设计

Mask（阻焊层设计）规则用于设置焊盘到阻焊层的距离，Solder Mask Expansion（阻焊层延伸量）选项区域设置该规则用于设计从焊盘到阻焊层之间的延伸距离。在电路板的制作时，阻焊层要预留一部分空间给焊盘。这个延伸量就是防止阻焊层和焊盘相重叠，如图 4-76 所示，一般设置 2.5mil。

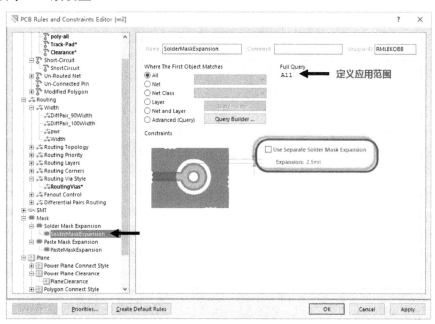

图 4-76　阻焊规则设置

### 4.23.6　内电层设计规则

Plane（内电层设计）规则用于多层板设计的负片中。

Power Plane Connect Style（电源层连接方式）选项区域设置。电源层连接方式规则用于设置过孔到电源层的连接，其设置界面如图 4-77 所示。

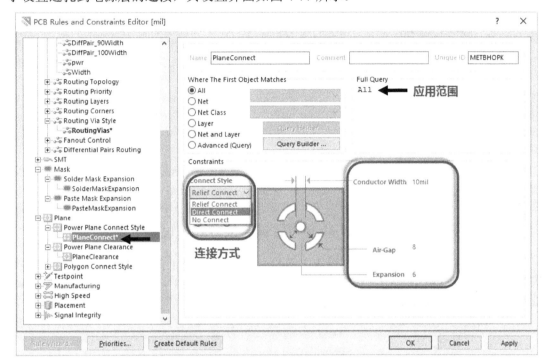

图 4-77　内电层规则设置

图 4-77 中共有 5 项设置项，分别是：

Conner Style——用于设置电源层和过孔的连接风格。下拉列表中有 3 个选项可以选择：Relief Connect（发散状连接即花焊盘连接方式）、Direct connect（全连接）和 No Connect（不连接）。工程制板中多采用发散状连接风格。

Conductors——用于选择连通的导线的数目，可以有 2 条或者 4 条导线供选择。

Condctor Width 文本框——用于设置导通的导线宽度。

Air-Gap 文本框——用于设置空隙的间隔宽度。

Expansion 文本框——用于设置从过孔到空隙间隔之间的距离。

以上选项数值一般可以按照图 4-77 设置。

### 4.23.7　Power Plane Clearance 设置

该规则用于设置电源层与穿过它的过孔之间的安全距离，即防止导线短路的最小距离，简称隔离环设置。设置界面如图 4-78 所示，一般设置为 9～12mil。

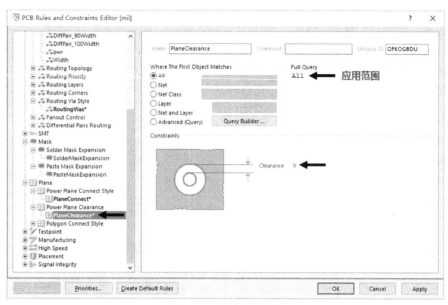

图 4-78　隔离环设置

### 4.23.8　Polygon Connect style（覆铜连接方式）设置

该规则用于设置多边形覆铜与焊盘之间的连接方式，常见于正片的规则设计，如图 4-79 所示，该设置对话框中 Connect Style、Conductors 和 Conductor width 的设置与 Power Plane Connect Style 选项设置相同，在此不再赘述。

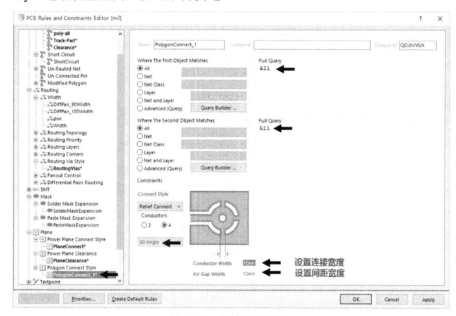

图 4-79　铜皮规则设置

在 PCB 设计经验中，一般铜皮设置成"花焊盘"连接方式，过孔与铜皮设置为全连接方式，在此处添加一个针对过孔的连接方式，选择全连接，设置好优先级，过孔连接方式优先。过孔和铜皮的连接如图 4-80 所示。

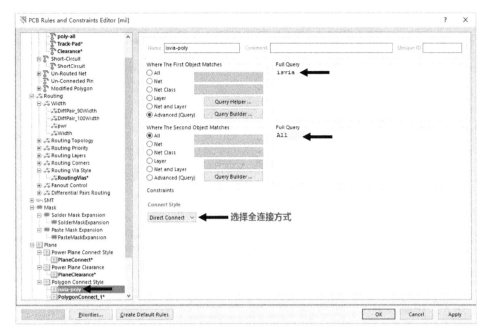

图 4-80 过孔和铜皮的连接

其他的规则设置项一般采取默认的即可。

### 4.23.9 区域规则（Room 规则）

区域规则即针对某个区域来设置规则，为了满足设计阻抗和工艺能力的要求，常用与各类不同 Pitch 间距的 BGA。

（1）在设置规则之前，执行菜单命令 Design—Rooms—PlaceRectangularRoom 放置 ROOM 区域。

（2）放置 ROOM 的同时直接按 Table，可以 ROOM 名称和参数进行设置，如图 4-81 所示，放置一个名称为"Room_BGA"的 Room。

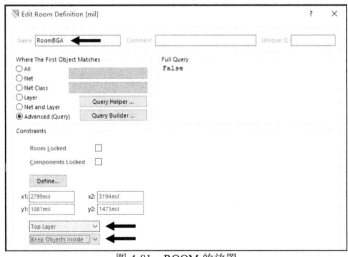

图 4-81 ROOM 的放置

（3）执行菜单命令 Design-Rule，进入规则编辑器，对刚刚放置的 Room 进行线宽和过孔的设置。此处以设置线宽 5mil、间距 4.5mil、过孔 8/16mil 为例，规则分别如图 4-82、图 4-83 和图 4-84 所示。

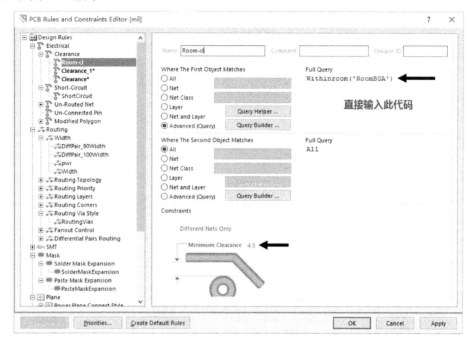

图 4-82　Room 间距规则

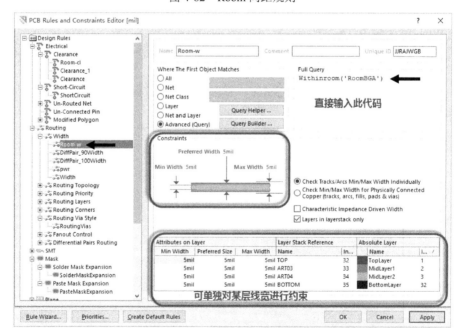

图 4-83　Room 线宽规则

其他 Room 规则可以在规则设置框中用类似方法设置。

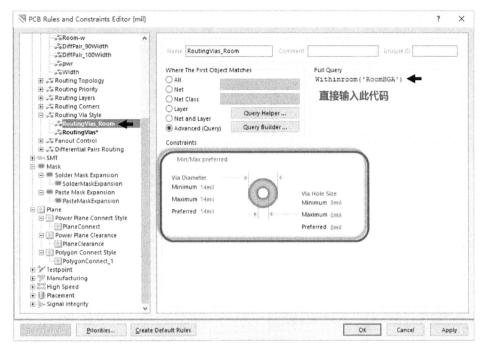

图 4-84　Room 过孔规则

### 4.23.10　差分规则

在前文对差分类的设置技巧中，我们可以找到差分的添加方法，在此不再进行赘述。

（1）差分规则向导如图 4-85 所示，点选差分规则编辑器的"Rule Wizard"通过向导进行差分规则的设置。

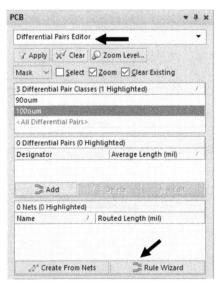

图 4-85　差分规则向导

（2）如图 4-86 所示，按照向导设置好差分规则名称、线宽和间距。

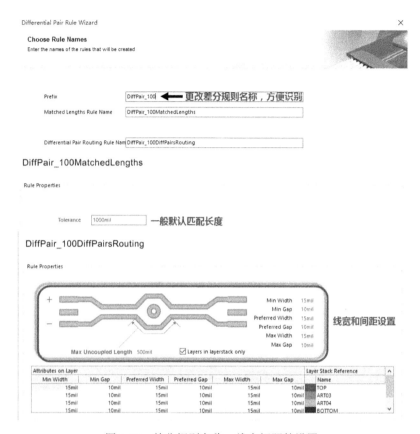

图 4-86　差分规则名称、线宽间距的设置

（3）设置完成之后，我们需要在规则管理器中再检查一下，差分规则是否已经匹配上，如果没匹配上需要手工再次匹配即可。差分规则的核查如图 4-87 所示。

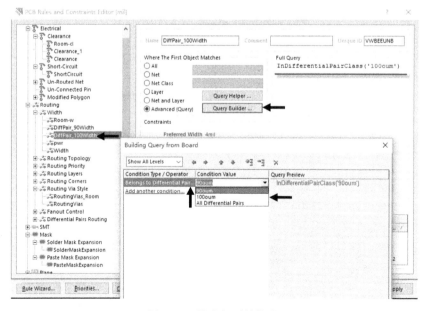

图 4-87　差分规则的核查

## 4.24　BGA 的 Fanout 及出线方式

为了达到快速布线的目的，Altium 提供了快捷的自动扇出功能。

若对扇出规则进行设置，可根据 BGA 的 Pitch 间距和上节规则设计对 BGA 扇出的"间距规则"、"网络线宽规则"，以及"过孔规则"进行设置，并在规则管理其中对"Fanout"功能进行配置。Fanout 设置如图 4-88 所示。

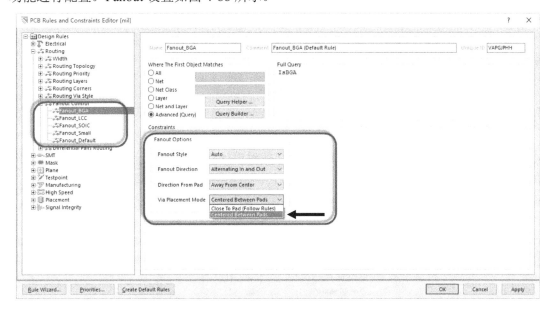

图 4-88　Fanout 设置

执行菜单命令"Auto Route-Fanout-Component"，配置好 Fanout 选项，如图 4-89 所示，单击需要 Fanout 的器件，软件会自动完成扇出，效果如图 4-90 所示。

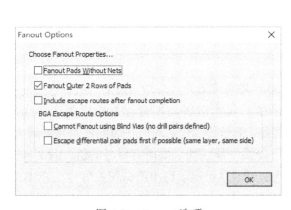

图 4-89　Fanout 选项

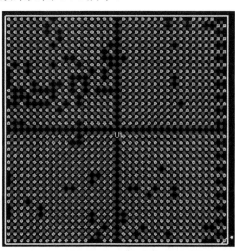

图 4-90　Fanout 效果图

（1）Fanout Pads Without Nets——没有网络的焊盘也进行扇出；

（2）Fanout Outer 2 Rows of Pads——前两排的焊盘也进行扇出；

（3）Include Escape routes after completion——扇出后进行引线；

（4）Cannot Fanout using Blind Vias（no drill defined）——无埋盲孔扇出；

（5）Escape differential pair pads first if possible（same layer，side）——在同层同边对差分对进行扇出。

 小 助 手 提 示

在扇出之前一定先设置好阻抗线宽、间距、过孔大小或 Room 区域等规则。不然因为规则的限制，扇出不完全。

## 4.25 泪滴添加与移除

为了加强导线与焊盘之间的连接，通常我们对设计完的线路进行添加"泪滴"的操作。执行快捷键"TE"，如图 4-91 所示，可以对过孔和焊盘进行添加泪滴的操作。

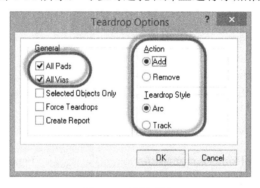

图 4-91 泪滴添加

## 4.26 蛇形线

### 4.26.1 单端蛇形线

在 PCB 设计中，蛇形等长走线主要是针对一些高速的并行总线来讲的。由于这类并行总线往往有多根数据信号基于同一个时钟采样，每个时钟周期可能要采样两次（DDR SDRAM）甚至 4 次，而随着芯片运行频率的提高，信号传输延迟对时序影响比重越来越大，为了保证在数据采样点（时钟的上升沿或者下降沿）能正确采集所有信号的值，就必须对信号传输的延迟进行控制。等长走线的目的就是为了尽可能地减少所有相关信号在 PCB 上传输延迟的差异。

（1）在 Altium 中，等长绕线之前建议完成 PCB 的连通性，并且建立好相对应的 NetClass。

（2）执行菜单命令 Tools-Interactive Length Tuning（快捷键：TR），单击需要等长的走线并按 TAB 键调出等长设置窗口，如图 4-92 所示。

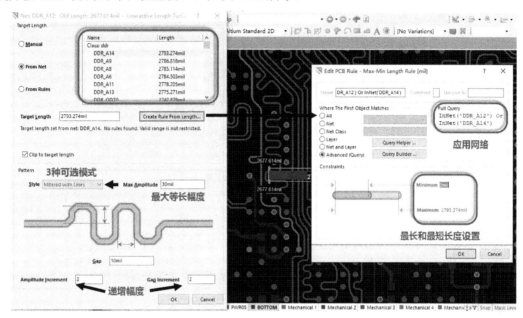

图 4-92　蛇形线设置

① Target Length 提供三种目标线长设置：Manual 手工直接设置等长目标长度，From Net 依据创建的 NetClass 里面选择，From Rules 依据规则来设定目标长度。

② Pattern 提供三种可选等长模型：Mitered with Lines 斜线条，Mitered with Arcs 斜弧，Rounded 半圆，如图 4-93 所示。一般我们采用第一种"斜线条"模式，如果是高速线通常采用第二种"斜弧"模式。

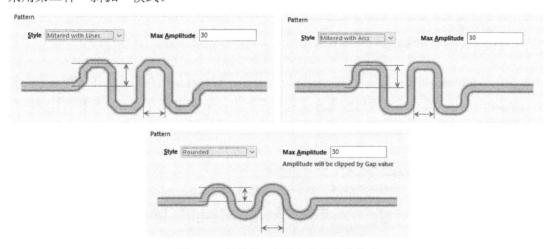

图 4-93　斜线条、斜弧与半圆绕线模式

③ 在需要等长的信号线上滑动即可出现蛇形线。在走线状态下，"<"和" >"可以分别调整蛇形线的上下幅度，数字键"1"减小拐角幅度，数字键"2"增大拐角幅度、数字

键"3"减小 Gap 间距、数字键"4"增大 Gap 间距。

④ 在完成一段蛇形走线后，如果对所走线不满意可以单击此段蛇形线，出现复选框调整，如图 4-94 所示。

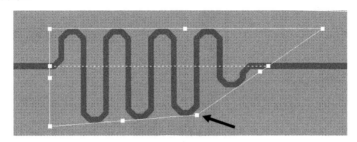

图 4-94　蛇形线的调整

上处等长复选框调整模式常见于 AD10 版本及以上，以下版本不支持。

⑤ 为了节约等长空间，一般按照方式一在等长绕线前，在等长另一层增加一根阻碍线，这样蛇形线通常会在同侧，之后删除阻碍线，如图 4-95 所示。

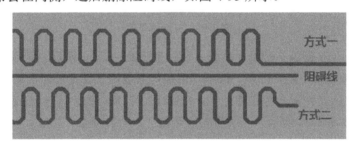

图 4-95　阻碍线的使用

### 4.26.2　差分蛇形线

至于 USB/SATA/PCIE 等串行信号，并没有上述并行总线的时钟概念，其时钟是隐含在串行数据中的。数据发送方将时钟包含在数据中发出，数据接收方通过接收到的数据恢复出时钟信号。这类串行总线没有上述并行总线等长布线的概念。但因为这些串行信号都采用差分信号，为了保证差分信号的信号质量，对差分信号对的布线一般会要求等长且按总线规范的要求进行阻抗匹配的控制。

（1）差分蛇形线类似单端蛇形线，执行菜单命令 Tools-Interactive Diff Pair Length Tuing（快捷键 TI），单击需要等长的差分走线并按 TAB 键调出类似单端等长的设置窗口，如图 4-96 所示。

（2）同样差分蛇形线 Gap 须满足 3W 原则，越大越好。

（3）为了满足差分对内之间的时序匹配，一般差分对内之间也需要进行等长，对内等长有几种方式，相应数据手册如图 4-97 所示。

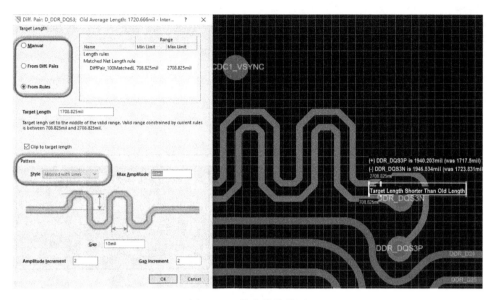

图 4-96 差分线的设置

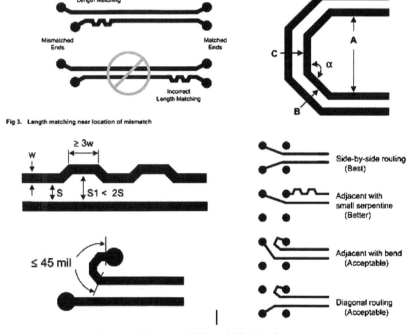

图 4-97 差分对内等长方式

## 4.27 多种拓扑结构的等长处理

### 4.27.1 点到点结构

点到点绕线如图 4-98 所示，可以在类别中调用长度表格进行参照，一根一根绕到目标长度即可。若主干道上串联有电阻，可在原理图中将电阻两端短接起来，再按照点到点方式进行绕线即可。

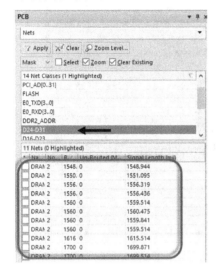 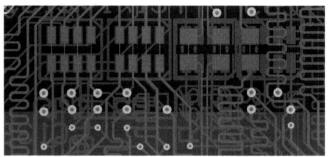

图 4-98　点对点绕线

小助手提示

　　含有串阻的单端建议都采用这种方式，简单、方便、快速。注意事项就是在原理图上处理的时候要备份原始版本，处理完等长之后再拿原始版本的原理图进行核对。

### 4.27.2　菊花链结构

　　在 PCB 设计中，信号走线通过 U1 出发途经 U2，再由 U2 到达 U3 的信号结构称为菊花链。在这种连接方法中不会形成网状的拓扑结构，只有相邻的器件之间才能直接通信，菊花链结构如图 4-99 所示。

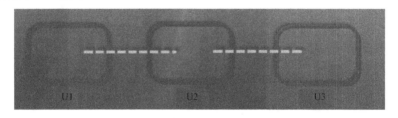

图 4-99　菊花链结构

　　（1）执行菜单命令"DXP-Preferences-PCB Editor-General"，使能 Protect locked objects 选项。如图 4-100 所示，找到菊花链中连接的节点（常见为过孔），进行锁定操作。

　　（2）复制三个版本的 PCB，如图 4-101 所示，利用网络的 mask 工具过滤出菊花链的某个 Netclass，绕线前端时，可以框选后端走线进行删除，这样就转化成点到点绕线方式。然后在另外一个备份 PCB 中反向操作，最后综合到完成版本上即可。

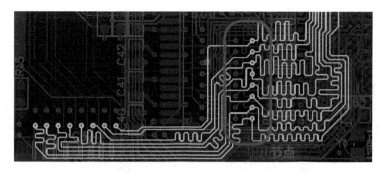

图 4-100　菊花链中的节点

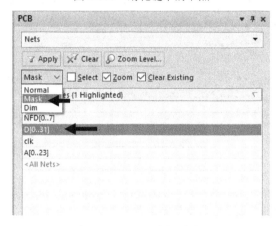

图 4-101　Mask 功能过滤器

### 4.27.3　T 型结构

如图 4-102 所示，星形网络型结构常被称为"T"型，DDR2 相比之前的 DDR 规范中没有延时补偿技术，因此时钟线与数据选通信号的时序裕量相对比较紧张。为了不使每颗 DDR 芯片的时钟线与数据选通信号的长度误差太大，一般采用 T 型拓扑，T 型拓扑的分支也应尽量短、长度相等。

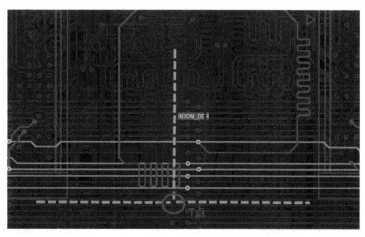

图 4-102　T 型结构

### 1．分支等长法

类似菊花链操作方式，利用节点和多版本把等长转换为点对点等长法，实现 L1+L2=L1+L3=L1`+L2`=L1`+L3`，T 点等长如图 4-103 所示。

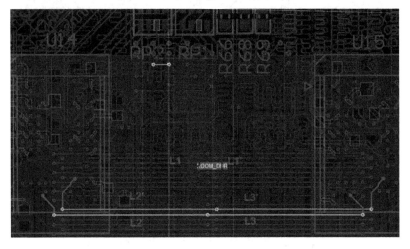

图 4-103　T 点等长

### 2．From to 等长法

（1）如图 4-104，在 PCB 面板中直接调用出"From to"编辑器操作界面。

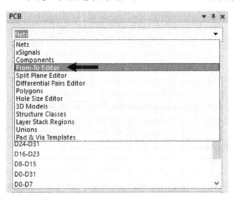

图 4-104　From to 编辑器

（2）选择 T 点的网络走线，在弹出的网络节点中，分别选择"U14-R8"、"U7-N25"和"U15-R8"、"U7-N25"，执行添加命令，即可看到被添加网络的拓扑走线长度，据此数据进行绕线等长即可，如图 4-105 所示。

### 3．xSignals 等长方式

2015 年 5 月 Altium 公司宣布其旗舰级 PCB 设计工具 Altium Designer 正式发布最新版本 15.1。此版本引入了若干新特性，显著提升了设计效率，xSignals 功能就是其中之一。利用 xSignals 向导即可自动进行高速设计的长度匹配，它可以自动分析 T 型分支、元器件、信号对和信号组数据，大大降低了高速设计配置时的时间消耗。

（1）执行菜单命令"PCB-PCB-Net"，打开"PCB 窗口"界面，如图创建"xSignal"所示，选择事先需要执行创建"Xsignals"的 Class，此处以"DDR2_ADDR"为例。

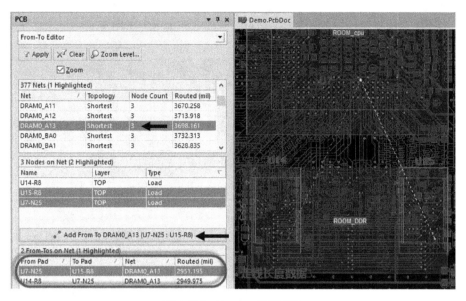

图 4-105　From to 等长绕线

（2）点选需要等长的 Net，在属性框中选择焊盘类型"RP4-4、U14-R8"，右键执行"Create xSignal"，同样操作"RP4-4、U15-R8"。

（3）重复上述步骤，把此 Class 里面的 T 点网络全部创建"xSignal"，如图 4-106 所示。

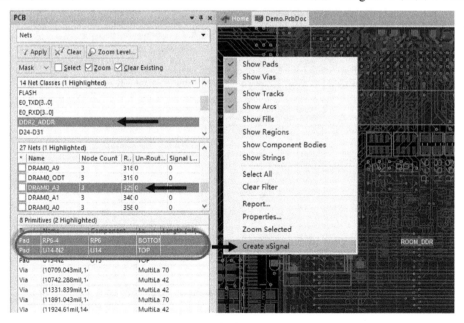

图 4-106　创建"xSignal"

（4）在"PCB 窗口"调用"xSignal"选项，在其列表中可以看到刚刚创建的所有"xSignal"，借此我们可以执行等长操作，如图 4-107 所示。

（5）如果存在很多"xSignals"需要创建，可以通过"xSignals"创建向导，并利用器件与器件的关联性进行创建。执行菜单命令"Design-xSignals-Run xSignals Wizard"，通过器件过滤功能，选择需要创建的第一个器件"U7"，如图 4-108 所示。

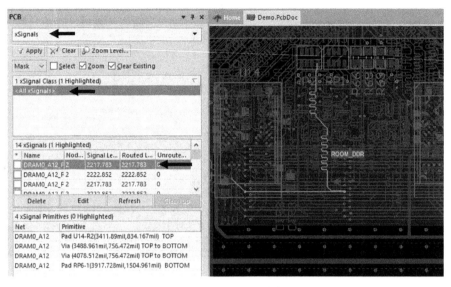

图 4-107  "xSignal"的查看

图 4-108  匹配器件的选择

（6）选择在"U7"上已经创建好的网络 Class 类，筛选需要创建的网络，执行下一步，再选择需要创建的第二个器件"U15"，执行同样的操作。软件会自动进行"xSignals"适配，但是我们要对齐进行刷选，刷选出需要创建的，进行激活，网络的匹配如图 4-109 所示。

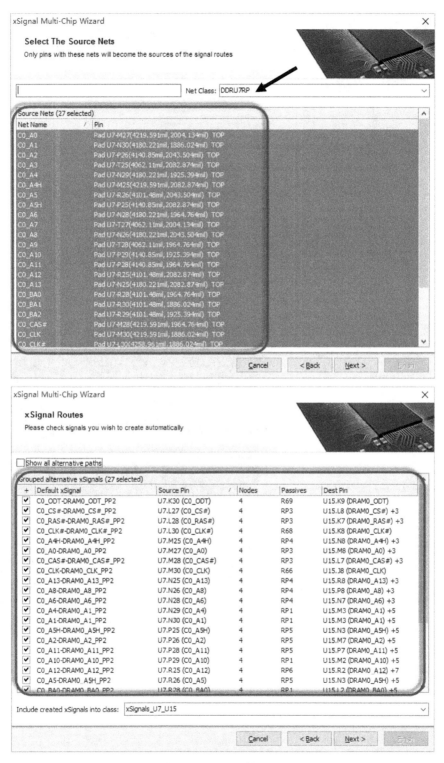

图 4-109　网络的匹配

（7）通过向导还可以进行长度匹配检查，并创建中间含有串阻的模型，如图 4-110 所示。

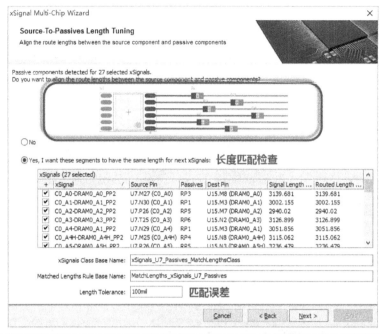

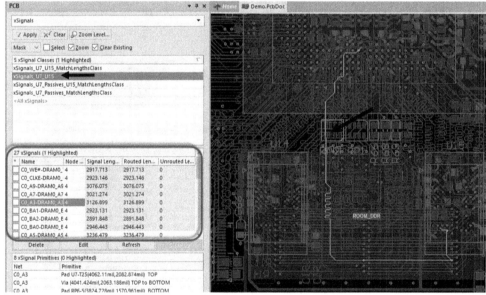

图 4-110　串阻模型的建立与长度检查

# 第 5 章

# PCB 的检查与生产输出

前期为了满足各项设计的要求，我们会设置很多约束规则，当一个 PCB 单板设计完成之后，通常要进行 DRC（Design Rule Check）检查。DRC 检查就是检查设计是否满足所设置的规则。一个完整的 PCB 设计必须经过各项电气规则检查。常见的检查项包括间距、开路以及短路的检查，更加严格的还有差分对、阻抗线等检查。

**学习目标：**
➢ 掌握 DRC 设置及检查
➢ 掌握装配图或线路图 PDF 的输出方式
➢ 掌握生产文件的输出步骤并灵活运用

## 5.1 DRC 检查

DRC（Design Rule Check）检查，检查设计是否满足所设置的规则。

（1）如图 5-1 所示，执行 Tools-Design Rule Check（快捷键"T+D"），打开 DRC 检查设置对话框。

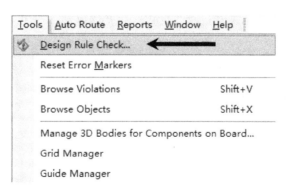

图 5-1 打开 DRC 设置命令

（2）设置 DRC 检查项目，如图 5-2 所示，可以看到检查项目和我们设置规则的条目是一一对应的。在"Online"和"Batch"栏勾选需要检查的选项。

图 5-2　使能 DRC 检查项

（3）DRC 检查不是说所有的规则都需要检查，只需要检查设计者需要核对的规则即可。

## 5.1.1　电气性能检查

电气性能检查包括间距检查，短路检查以及开路检查，如图 5-3 所示，一般这几项都需要勾选。

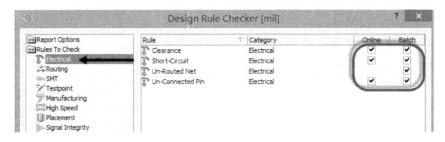

图 5-3　电气性能检查设置

## 5.1.2　Routing 检查

Routing 检查包含阻抗线检查，过孔检查，差分线检查，如图 5-4 所示。

图 5-4　阻抗线检查，过孔检查，差分线检查设置

## 5.1.3　Stub 线头检查

Stub 线头检查，设置如图 5-5 所示。

图 5-5　Stub 线头检查

## 5.1.4　可选项检查

特殊情况须对高度等进行例行检查，器件高度检查如图 5-6 所示。

图 5-6　器件高度检查

## 5.1.5　DRC 报告

（1）运行 DRC 之后，会弹出 DRC 报告可以显示数量，有时 DRC 报错数量比较多，超出预设的 500，此时我们可以更改显示数量大小，如图 5-7 所示，当检测 DRC 达到所设置的数值时，停止检测。

图 5-7　DRC 显示数量设置

（2）运行完之后，我们回到 PCB，单击右下角 System-Messages，如图 5-8 所示，可以查看 DRC 类型。

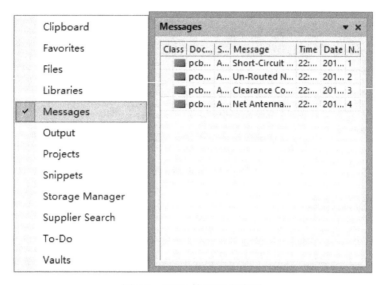

图 5-8　DRC 检测报告类型

（3）双击 DRC 报告类型可以弹跳到 PCB 报错位置。重复上述步骤直到所有 DRC 更改完成，没有 DRC 报错，或者所有报错 DRC 类型可以忽略为止。

## 5.2　尺寸标注

为了使设计者或生产者更方便地知晓 PCB 尺寸及相关信息，我们在设计的时候通常考虑到给设计好的 PCB 添加尺寸标注。标注方式分为线性、圆弧半径、角度等形式，下面以最常用的线性标注及圆弧半径标注做下说明。

### 5.2.1　线性标注

执行 Place-Dimension-linear 命令，放置直线标注，如图 5-9 所示。

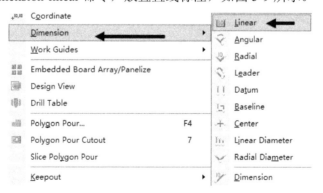

图 5-9　放置直线标注

在放置状态下，按 Table 可以设置相关的显示选项，如图 5-10 所示。
以上选项对话框，设置一下常用的即可：

（1）Layer——放置的层；

（2）Format——显示的格式，如：XX、XX mm[常用]、XX（mm）…；

（3）Unit——显示单位，　如：mil、mm[常用]、inch…；

（4）Precision——显示的小数位后的个数。

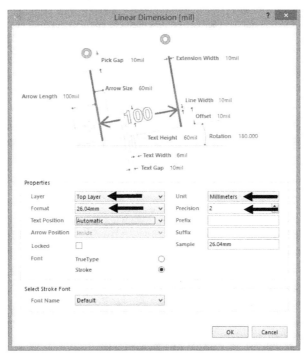

图 5-10　尺寸显示设置

线性标注显示效果如图 5-11 所示。

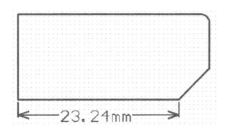

图 5-11　线性标注显示

为了规范标示，建议采用两位小数点标示，单位选择"mm"。

### 5.2.2　圆弧半径标注

放置圆弧半径标注，方法类似线性标注方法，执行 Place-Dimension-linear 命令，并对显示方式进行设置即可，圆弧半径显示效果如图 5-12 所示。

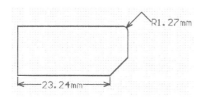

图 5-12　圆弧半径显示

## 5.3　测量距离

距离测量大体分两种，一种是点对点测量，一种是边到边的测量。距离的测量如图 5-13，执行快捷键"RM"或"Ctrl+M"测量点对点的距离，执行快捷键"RP"测量边与边之间的距离。

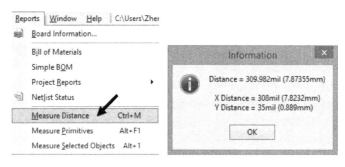

图 5-13　距离的测量

## 5.4　位号丝印的调整

针对后期器件装配的时候，特别是手工装配文件的时候，我们一般都得出 PCB 的装配图，这时候丝印位号就显示出必要性了。（生产时 PCB 上丝印位号可以进行隐藏）按快捷键"L"，只打开丝印层及相对应的 Solder Mask 层，即可对丝印进行调整了。

以下是丝印位号调整遵循的原则及常规推荐尺寸：

（1）丝印位号不上阻焊；

（2）丝印位号清晰，字号推荐字宽/字高尺寸为 4/25、5/30、6/45；

（3）方向统一性，一般推荐字母在左或在下，如图 5-14 所示。

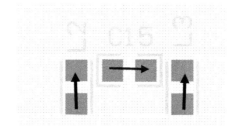

图 5-14　丝印位号显示方向

## 5.5　PDF 的输出

在 PCB 生产调试期间，为了方便查看文件或者查询相关器件信息时，我们会把 PCB 设计文件转换成 PDF 文档。下面介绍常规 PDF 文件输出方式。

前期工作是需要在电脑上安装虚拟打印机及 PDF 阅读器，准备充足后按照以下步骤进行操作。

（1）如图 5-15 所示，执行 File--Smart PDF，打开 PDF 输出设置向导。

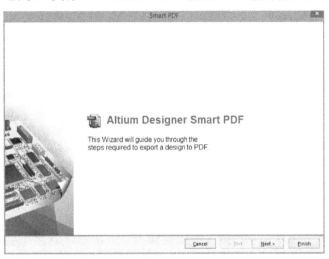

5-15　PDF 输出设置窗口向导

（2）按照向导提示设置文件输出路径，如图 5-16 所示。

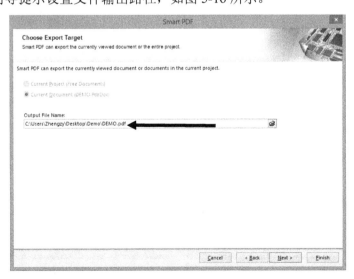

图 5-16　路径的设置

（3）物料清单输出选项，此项可选，不过 Altium 有专门输出 BOM 清单功能，此处一般不再勾选，如图 5-17 所示。

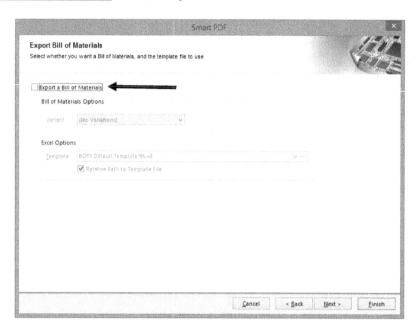

图 5-17　BOM 表

（4）装配图输出及多层线路 PDF 输出。

① 装配图输出

A. 在输出栏目条上单击右键创建装配层输出，一般默认创建顶层和底层装配输出元素，如图 5-18 所示。

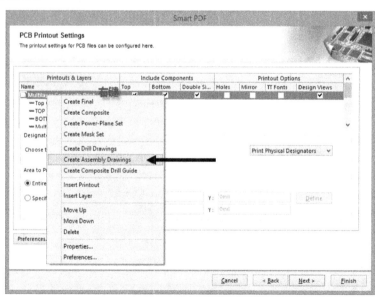

图 5-18　创建装配元素

B. 双击"TOP Assembly Drawing"输出条目栏，可以对输出属性进行设置，装配元素一般输出"板框层"、"丝印层"及"阻焊层"，如图 5-19 所示，单击"Add、Remove..."等进行相关输出层的添加和删除操作。同理，对"Bottom Assembly Draing"进行相同操作。

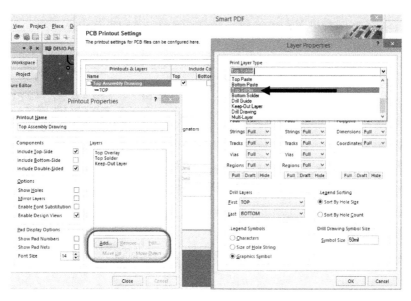

图 5-19　装配元素输出设置选项

C. 如图 5-20 视图设置对话框，底层装配栏勾选"Mirror"，在输出之后我们观看 PDF
文件时是顶视图，反之是底视图。

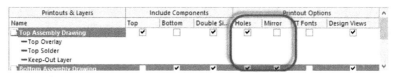

图 5-20　视图设置

D. 设置输出颜色，如图 5-21 所示，可选"Color 彩色"、"Greyscale 灰色"、"Monochrome
黑白"，单击 Finish 完成装配图的 PDF 输出。

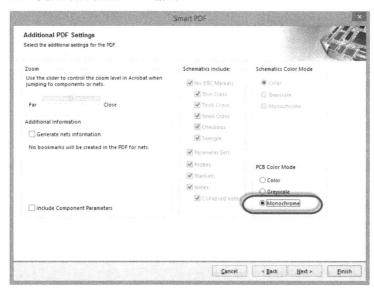

图 5-21　输出颜色设置

E. 输出 Demo 案例效果图，PDF 输出效果图如图 5-22 所示。

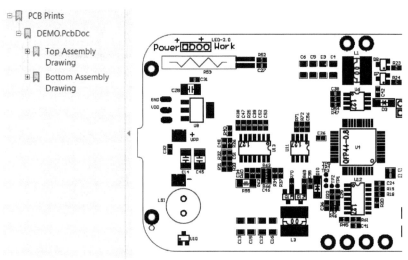

图 5-22　PDF 输出效果图

② 多层线路 PDF 输出

多层线路输出方便于那些不熟悉 Altium 的工程师检查 PCB 线路之用，我们可以一层层单独输出，设置操作方式类似装配图输出方式。

A. 同样执行 PDF 输出向导，至关键设置项，在输出栏目条上单击右键，输出层的添加如图 5-23 所示，单击"InsertPrintout"插入需要输出的层，然后重复操作。

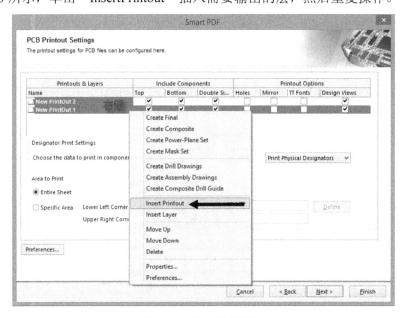

图 5-23　输出层的添加

B. 双击输出栏目条对输出属性进行设置，如图 5-24 所示，单击"Add、Remove…"等进行相关输出层的添加和删除操作，同样底层勾选"Mirror"选项。

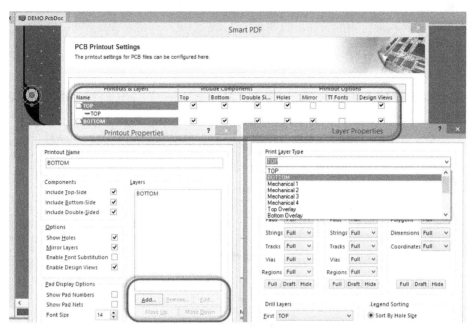

图 5-24　输出的层属性添加

C. 设置输出颜色，选择"Color 彩色"，单击 Finish 完成装配图的 PDF 输出，如图 5-25 所示，查看相关效果图。

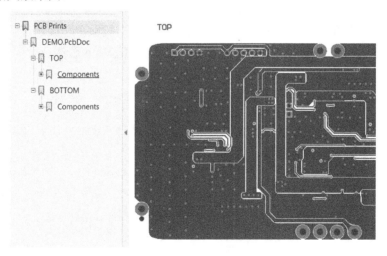

图 5-25　多层线路输出效果图

## 5.6　生产文件的输出步骤

生产文件输出俗称 Gerber out，Gerber 文件是所有电路设计软件都可以产生的文件，在电子组装行业又称为模版文件（Stencil Data），在 PCB 制造业又称为光绘文件。可以说 Gerber 文件是电子组装业中最通用最广泛的文件格式，生产厂家拿到 Gerber 文件可以方便和精确地读取制板的信息。

### 5.6.1 光绘文件

（1）在绘制好的 PCB 界面中，单击 File-Fabrication outputs-Gerber Files，进入 Gerber setup 界面，如图 5-26 所示，输出单位（units）选择"inch"，格式选择 2：4 。

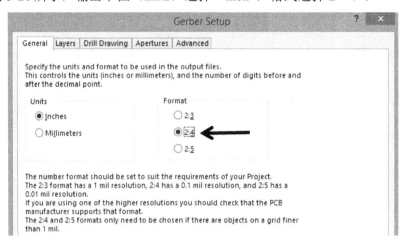

图 5-26　输出单位&格式精度选择

（2）在"layers"选项里，"polt lays"下拉菜单中选择"Used on"，要检查一下，不要丢掉层，把需要输出的层全部勾选。在"Mirror layers"下拉菜单里面选择"All off"全部关闭 。层的输出选择如图 5-27 所示，注意各必选项和可选项的选择。

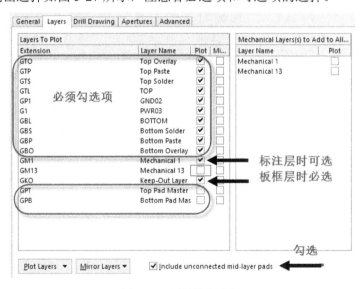

图 5-27　层的输出选择

（3）Drill Drawing 菜单栏中图示两处须进行勾选所用到的层，右侧框中选择 Drill Drawing 的标示大小和文字格式，可以选择第三项，如图 5-28 所示。

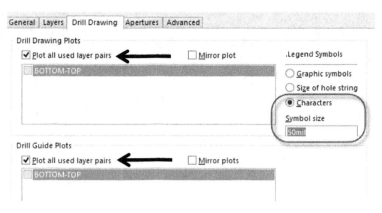

图 5-28　Drill Drawing 设置

（4）Apertures 默认设置此，选择"RS274X"格式进行输出，D 码格式如图 5-29 所示。

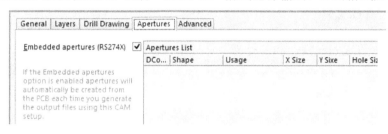

图 5-29　D 码格式

（5）Advanced 菜单项，如图 5-30 所示三项数值都在后面都增加一个"0"，增大数值，防止输出面积过小的情况。其他选项采取默认设置即可。

如果不扩大设置，可能出现如图 5-31 所示提示，有可能造成文件输出不全的情况，按照上面设置可以得到解决。

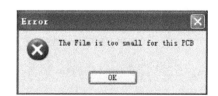

图 5-30　Film Size 扩大设置　　　　　图 5-31　Gerber 输出面积过小

（6）Gerbr 输出效果预览如图 5-32 所示。

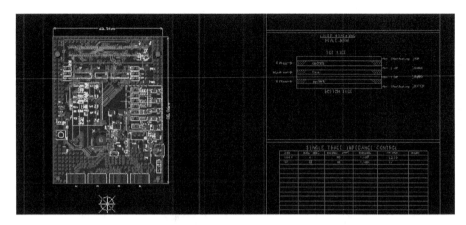

图 5-32　Gerber 输出预览

## 5.6.2　钻孔文件

设计文件上放置的安装孔和过孔需要通过钻孔输出设置进行输出，在 PCB 的文件环境中，单击 File-Fabrication outputs-NC Drill Files，如图 5-33 所示进入钻孔文件输出界面，单位选择"inch"，格式选择 2：5 。其他选项默认设置即可，如图 5-33 所示。

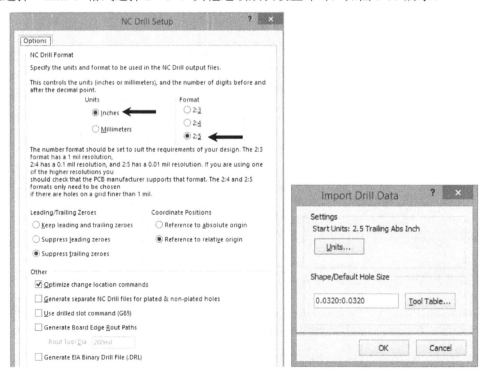

图 5-33　钻孔文件输出设置

在 PCB 设计阶段，我们通常在 PCB 的右下角"Drill Drawing"层防止".Legend"字符，在输出 Gerber 之后，我们会很详细地看到钻孔的属性以及数量等信息，如图 5-34 所示。

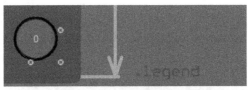

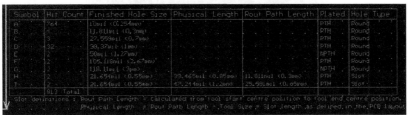

图 5-34　".Legend" 字符的放置和输出

在 PCB 中放置 ".Legend" 字符时字高和字宽不要太大，放置 "30/5" 最佳，不宜过大。

### 5.6.3　IPC 网表

如果在提交 Gerber 文件给板厂时，同时生成 IPC 网表给厂家核对，那么在制板时就可以检查出一些常规的开短路问题，可避免一些损失。具体操作如下：在 PCB 界面下，打开 File→Fabrication outputs→TestPoint Report 进入 IPC 网标输出对话框，按照如图 5-35 所示进行相关设置，之后输出即可。

图 5-35　IPC 网表的输出

### 5.6.4　贴片坐标文件

制版生产完成之后，后期需要对各个器件进行贴片，这需要用各期间的坐标图。Altium

中通常输出 TXT 文档类型的坐标文件；如图 5-36 所示，在 PCB 文件环境中，单击 File-Assembly Outputs-Generates pick and place files ，进入坐标文件生成界面。选择输出坐标格式和单位（通常为 mm）。

图 5-36　坐标文件设置

至此所有的 Gerber 资料输出完毕，把当前工程目录下 Output 文件夹中的所有文件进行打包即可发送到 PCB 加工厂进行加工，Gerber 文件的打包如图 5-37 所示。

图 5-37　Gerber 文件的打包

### 5.6.5　BOM 表的输出

PCB 后期调试中经常会用到物料表即 BOM 表，在 PCB 中直接导出一个比较规范的 BOM 表，有利于我们对物料的规范管理。

（1）如图 5-38，在原理图界面或 PCB 界面执行菜单命令"Report-Bill of Materials"，打开 BOM 输出窗口。

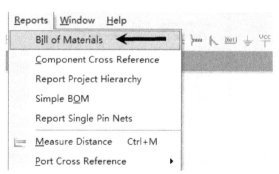

图 5-38　BOM 表生产

（2）使能常见 BOM 表导出项。

① Comment——器件型号；

② Designator——器件位号；

③ Footprint——器件封装；

④ Quantity——器件数量。

（3）选择导出格式，常见"Excel"格式，如图5-39所示。

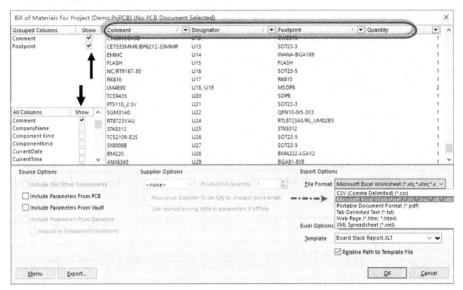

图 5-39 BOM 表的导出

# 第 6 章

# 高级设计技巧及应用

技巧可以让我们缩小达到目的的路径，技巧是提高效率的强大手段，Altium 汇集了很多应用的技巧，需要我们深挖。本章总结了一些 Designer PCB 设计中常用的高级技巧，读者通过本章的学习可以有效地提高工作效率。

软件之间相互转换的操作是目前很多工程师都存在的困扰，本章的讲解为不同软件平台的设计师提供了便利。

书中不尽详细处，请参考论坛（www.pcbbar.com）或光盘相对应的视频资料。

**学习目标：**

> ➢ 熟悉 FPGA 的引脚调换应用技巧
> ➢ 熟悉相同模块的快速布局布线方法
> ➢ 熟悉孤铜的去除办法
> ➢ 熟悉检查接触不良的办法
> ➢ 了解 Logo 的导入方法
> ➢ 了解常用 PCB 工具的相互转换的办法

## 6.1 FPGA 快速调引脚

随着 FPGA 的不断开发，其功能越来越强大，也给其 layout 带来了很大的便捷性——引脚的调换。

对于密集的板卡，走线时我们可以不再绕来绕去，而是根据走线的顺序进行信号的调整。在调整之前我们必须熟悉以下几点要求。

### 6.1.1 FPGA 引脚调整注意事项

（1）如图 6-1 中，当 VRN VRP 连接上下拉电阻时，不可以调，VRP/VRN 引脚提供一个参考电压供 DCI 内部电路使用，DCI 内部电路依据此参考电压调整 I/O 输出阻抗与外部参考电阻 R 匹配。

（2）一般情况下，相同电压的 Bank 之间是可以互调的，但部分客户会要求在 Bank 内调整，所以调之前要跟客户商量好，以免做无用功。

（3）做差分时"P""N"分别对应正负，不可相互之间调整。

（4）全局时钟要放在全局时钟引脚的 P 端口。

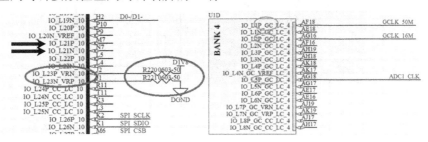

图 6-1 FPGA 引脚调整注意事项

## 6.1.2 FPGA 引脚调整技巧

（1）为了方便识别哪些 Bank 之间可以互调，须先对 FPGA 各 Bank 进行区分，在原理图界面执行菜单命令"Cross Probe"，点选某个 FPGA 的某个 Bank，直接跳转到 PCB 中相对应的 Bank 引脚高亮，这时我们可以在某一机械层添加标示，进行标记，如图 6-2 所示。

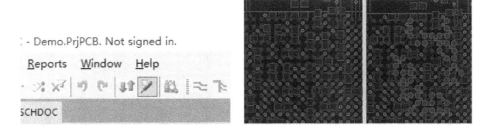

图 6-2 Bank 的标记

（2）按照相同操作可以把调整 Bank 在 PCB 中进行标记，如图 6-3 所示。

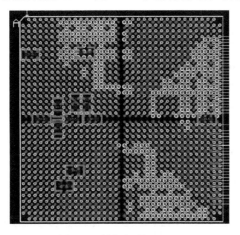

图 6-3 被标记的 FPGA

（3）做完上述步骤之后，就可以按照正常的 BGA 出线方式把所有的信号脚进行引出并按照走线顺序对接排列，但非连接上，如图 6-4 所示。最后保存好所有文档。

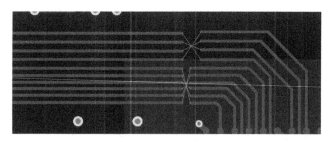

图 6-4  信号走线的对接

（4）如图 6-5 所示，在 PCB 界面下，执行菜单命令"Project-Component Links...进行器件匹配，将左边器件全部匹配到右边窗口。单击"Perform Update"执行更新。

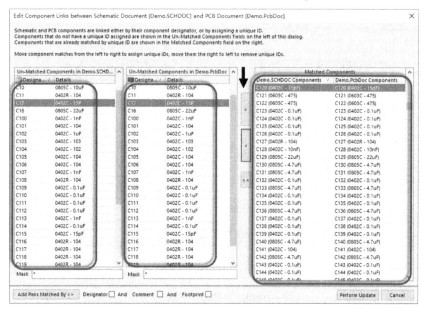

图 6-5  器件的关联

（5）执行菜单命令"Tools-Pin/Part Swapping-Configure"定义和使能可更换引脚器件，如果弹出警告，须重新返回第四部进行操作，或执行从原理图导入 PCB 的操作使原理图和 PCB 完全对应上之后再按照此步骤进行操作，如图 6-6 所示。

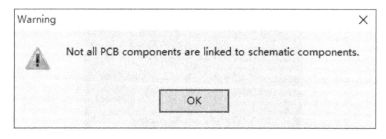

图 6-6  Warning 警告

（6）找到 FPGA 对应的器件位号勾选使能状态，并双击，对器件的可以调换的"I/O"属性引脚创建"Group"操作，如图 6-7 所示。

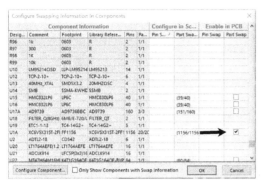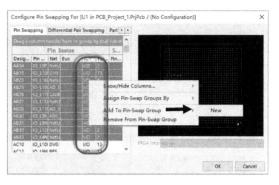

图 6-7　可调换 FPGA 的使能及 Group 设置

（7）执行菜单命令"Tools-Pin/Part Swapping-Interactive Pin/Net Swapping"，单击刚刚对接的信号走线，进行线序交换。执行完此步骤之后，PCB 引脚交换的工作就完成了，具体效果如图 6-8 所示。

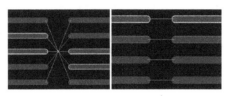

图 6-8　线序的交换调整

（8）PCB 执行交换更改之后，需要把网路交互反导入原理图，如图 6-9 所示，执行菜单命令"Project-Project Options..."，设置反倒选项"Change Schematic Pins"，之后利用导向功能"Update Schematic in Project"，完成导入。

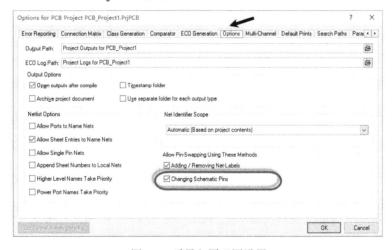

图 6-9　反导入原理图设置

　　因为有些原理图绘制的方式或格式错误，执行反标可能不完全或残缺，建议反标之后利用正导入方式核对一遍或者直接手工方式绘制引脚更换表，再一一进行比对更改。

## 6.2 相同模块布局布线的方法

PCB 的相同模块如图 6-10 所示，很多 PCB 设计板卡中存在相同的模块，给人整齐、美观的感觉。从设计的角度来讲，整齐划一，不但可以减少设计的工作量，还保证了系统性能的一致性，方便检查与维护。相同模块的布局布线存在其合理性和必要性。

图 6-10　PCB 的相同模块

（1）注意事项。

① PCB 中相同模块对应的器件 Channel Offset 值必须相同，如图 6-11 所示。

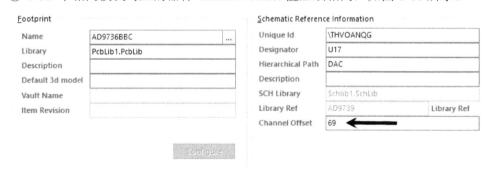

图 6-11　Channel Offset 值

② 器件不能锁住，否则无法进行。

③ 相同模块在同一张原理图里的，须分成多张原理图。

（2）在原理图中直接执行更新命令至 PCB，如图 6-12 所示，在导入的界面中有 9 张原理图（相同模块数分割的原理图张数）。原理图生成 RoomPage10-NET0 至 RoomPage18-NET8，这正是我们所需要的。值得注意的是：器件 CLASS 规则必须同时导入，否则不成功。

（3）和 FPGA 引脚调整一样，在执行更新操作之后须对器件进行匹配关联，在 PCB 界面下，执行菜单命令"Project-Component Links... "进行器件匹配，将左边器件全部匹配到右边窗口，单击"Perform Update"执行更新。

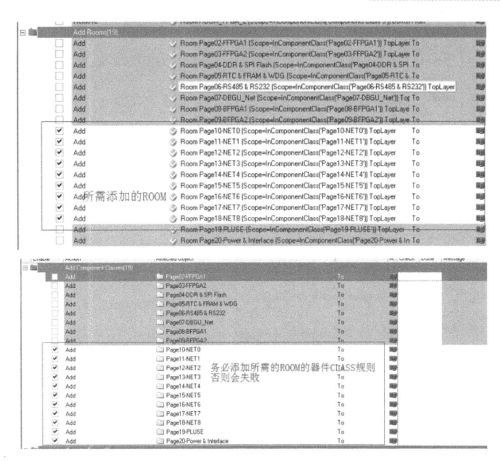

图 6-12　Room 和 Class 的添加

（4）如图 6-13 所示，对其中一个通道的模块执行布局布线，并用更新的 Room 对其进行覆盖。

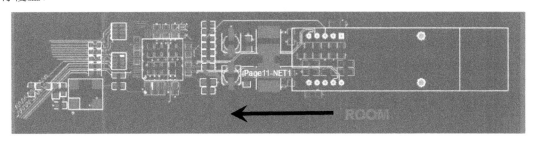

图 6-13　模块的布局布线

（5）执行菜单命令 Design—Rooms—Copy Room Formats，如图 6-14 所示，设置对应的复制选项，单击 Copy 已布局好的模块 ROOM，再单击尚未布局好的模块 Room，即可完成相同模块的快速布局布线，如图 6-15 所示。

① Copy Component Placement——复制器件的布局格式；

② Copy Designator & Comment Formatting——复制器件位号和值的格式；

③ Copy Routed Nets——复制走线的格式；

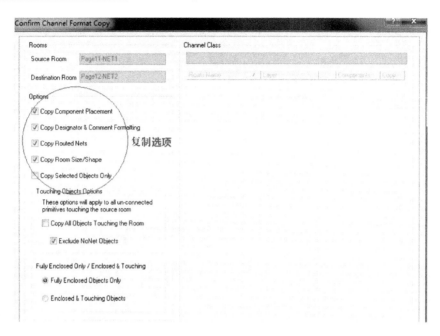

图 6-14　Copy Room 设置

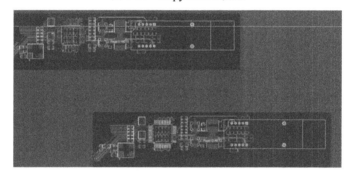

图 6-15　相同模块布局布线效果图

④ Copy Room Size/Shape——复制 Room 的区域大小；

⑤ Copy Selected Objects Only——只复制选择的物体。

 小助手提示

因为布局空间的限制，在做相同模块时建议预先规划好每一个小模块所需要占用的空间，规划好设计通道。在 PCB 的工作范围外做好模块，再根据设计通道挪移进去。

## 6.3　覆铜时去掉孤铜的方法

孤铜，也叫孤岛（Isolated shapes），如图 6-16 所示，是指在 PCB 中孤立无连接的铜箔。一般都是在覆铜时产生，不利于生产。解决的方法比较简单，可以手工连线将其与同网络的铜箔相连，也可以通过打过孔方式与同网络铜箔相连。无法解决的孤铜，删除掉即可。

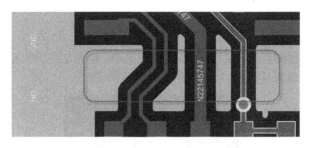

图 6-16　孤岛铜皮

### 6.3.1　正片去死铜

覆铜状态时，设置好移除孤铜选项，如图 6-17 所示勾选对话框下的"Remove Dead Copper"，同时根据线宽间距设置规则适当增大覆铜线宽和间距，可以减少孤铜的出现。

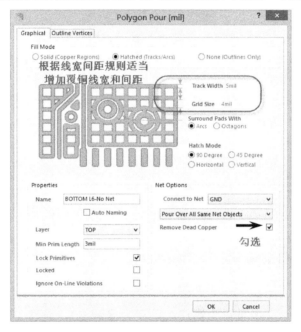

图 6-17　覆铜设置

通过放置 Cutout 把孤铜进行删除处理，单击菜单栏"Place-Polygon Pour Cutout"进行放置，重新覆铜即可移除。此方法适用较局限，建议采用第一种。Cutout 移除孤铜如图 6-18 所示。

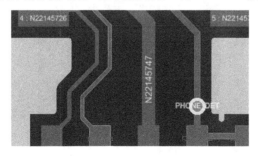

图 6-18　Cutout 移除孤铜

### 6.3.2　负片

负片当中有时因规则设置不当，会出现如图 6-19 所示大面积的孤铜，所以当发现这种情况时需要首先检查规则是否恰当，并适当调整规则适配。

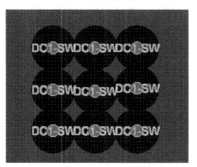

图 6-19　负片孤铜

此种现象一般是由于我们的负片反焊盘设置过大造成的，我们可以适当减小其设置的数据，快捷键 D+R 打开规则设置菜单栏找到 "Plane-Power-Planeclearence"，如图 6-20 所示进行设置。

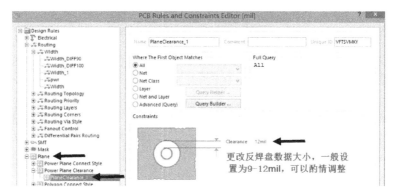

图 6-20　反焊盘大小设置

弄清楚负片的概念（不可视为铜皮，可视为非铜皮），通过 Fill 填充可以实现上述操作，如图 6-21 所示，执行 "Place-Fill"，进行放置填充。移除孤铜的方式多样，可以灵活运用。

图 6-21　Fill 填充法

**小 助 手 提 示**

"填充法"因为是手工的，难免会遗漏，遇到这种情况一般的处理方式是把过孔的间距拉大，满足反焊盘的间距要求，或者通过调整约束规则来实现。

## 6.4 检查线间距时差分间距报错的处理方法

为了尽量减小单板设计的串扰问题，PCB 设计完成之后一般要对线间距 3W 规则进行一次规则检查。一般的处理方法是直接设置线与线的间距规则，但是这种方法的一个弊端是差分线间距（间距设置大小不满足 3W 间距的设置）也会 DRC 报错，产生很多 DRC 报告，难以分辨，如图 6-22 所示。

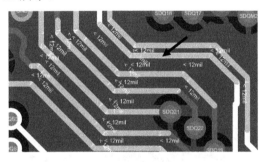

图 6-22 DRC 检测报告

如何解决这个问题呢？可以按照如图 6-23 所示方法对规则进行高级设置。

代码 1：istrack>(InDifferentialPairClass('All Differential Pairs'));

代码 2：istrack。

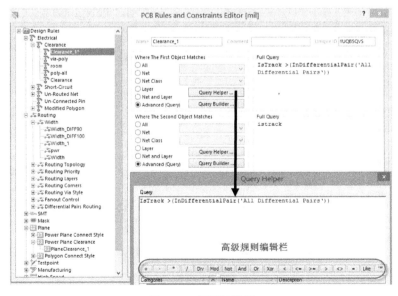

图 6-23 规则的编辑

重新运行 DRC，可以检测如图 6-24 所示结果。

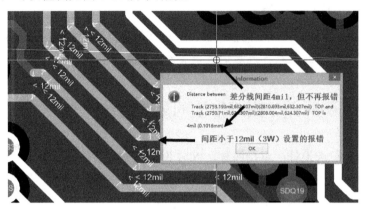

图 6-24　走线间距规则报告

# 6.5　走线优化时的覆铜设置

Altium 中 PCB 设计完成后需要再对 PCB 进行走线优化等操作，会遇到铜皮阻碍和影响走线视觉等现象，如图 6-25 所示。这涉及铜皮关闭和显示。

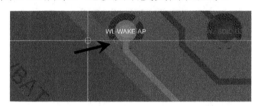

图 6-25　走线阻碍

（1）快捷键 Ctrl+D 打开可视设置界面，如图 6-26 所示，"Polygons"选项选择 Final/Hide 即可选择显示和关闭。

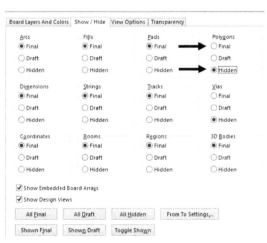

图 6-26　铜皮的关闭与显示

（2）优化处理时可以在让铜皮重新铺一次的瞬间，按 ESC 取消，相当于在覆铜 10% 状态下，让覆铜铜皮变空心，从而快速处理这一问题。这样方便走线和查看，之后重新对这块铜皮完全覆铜即可，非常方便覆铜不完全状态如图 6-27 所示。

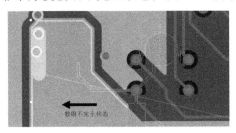

图 6-27  覆铜不完全状态

## 6.6  线路设计不良的检查

不像 Cadence、PADS 等其他软件，Altium 走线由多段组成，介于这种情况，我们经常会遇到一些连接不良的情况，使后期生产出来的电路板出现开路的现象，但是开路的时候 DRC 检查却查不出来。这种现象怎么避免呢？如图 6-28 所示，接触不良包括走线与走线、走线与焊盘、走线与过孔、过孔与焊盘连接不良。

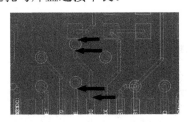

图 6-28  接触不良示例

为了解决上述情况，我们可以按照如下操作方式进行操作和检查。

（1）复制一份 PCB 文件，对走线进行全局操作，所有线宽更改到 1mil：Ctrl+D 打开可视设置界面，选择只显示 Track，如图 6-29 所示。

图 6-29  走线过滤设置

（2）逐层全部框选走线，按快捷键【F11】，打开如图 6-30 所示 PCB 过滤器【PCB Inspector】更改走线线宽到 1mil。同理操作，将所有过孔的焊盘及孔径的大小都改为板中最小过孔的孔径，如最小过孔为 8/16，则都改为 8mil 的孔和 8mil 的盘。

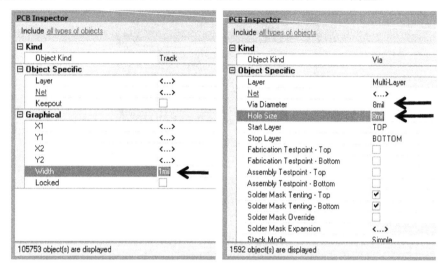

图 6-30　PCB 过滤器更改线宽和过孔

（3）效果如图 6-31 所示，在将线宽更改到 1mil，过孔更改到 8mil 的情况下，可以很明显地看到开路。

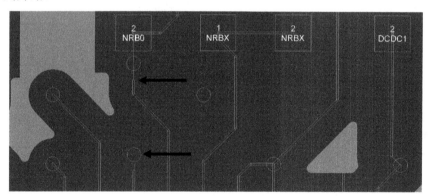

图 6-31　开路检查

（4）为了保险起见，采用快捷键"TD"，再一次运行 DRC 检测，核查所有的开路情况，最后分别在原始版本上进行修正即可。

## 6.7　如何快速挖槽

在做 PCB 设计过程中，无论是高压板卡爬电间距，还是版型结构要求，我们会经常遇到板子需要挖槽的情况，那么如何做呢？顾名思义挖槽是在设计的 PCB 上进行挖空处理，如图 6-32 所示，挖槽有方形、圆形或异形挖槽。

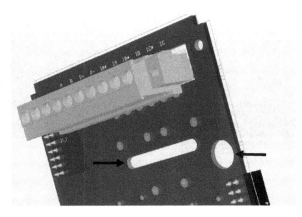

图 6-32　PCB 上的挖槽

（1）规范的标准做法是在钻孔层放置钻孔，把加工信息直接加载到制板文件中。此种方式一般适用于方形、圆形等比较规范的挖槽。执行 Place-PAD 按如图 6-33 所示设置好钻孔属性，放置一个宽 2mm，长 10mm 的挖槽。

图 6-33　钻孔属性设置

（2）放置一个 5mm×5mm 的圆形挖槽，如图 6-34 所示。

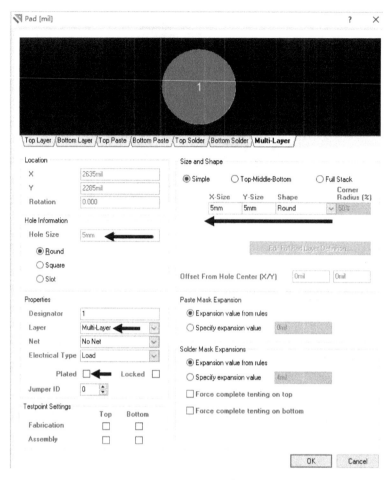

图 6-34　圆形挖槽

（3）异形挖槽不能用上述方法处理，可以把挖槽信息放置到板框层，给制板厂商表示清楚，执行 Place-Line，绘制一个想要的闭合挖槽形状，选中此闭合挖槽，执行 Tools-Convert-Create Board Cutout From Selected Primitives 创建一个板内挖槽，如图 6-35 所示。

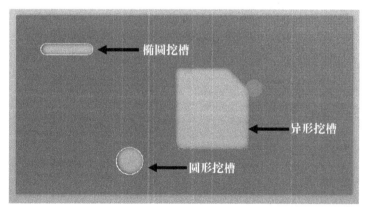

图 6-35　不同的挖槽孔

## 6.8 插件的安装方法

Altium 10 及以上的版本，很多插件是没有直接安装好的，需要后期再次安装才能使用。打开 Altium 界面，执行 Extensions and Updates，如图 6-36 所示，勾选需要安装的插件。

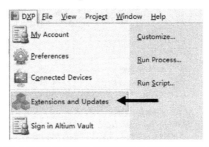

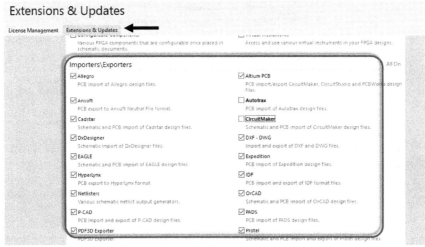

图 6-36 插件选择界面

一般默认全部安装，单击右上角的"Apply"，执行安装，等待安装完成并重启软件，即可使用，如图 6-37 所示。

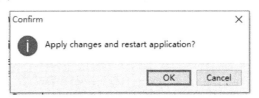

图 6-37 执行更新和重启应用

## 6.9 PCB 文件中的 LOGO 添加

LOGO 识别性是企业标志的重要功能之一，特点鲜明、容易辨认，很多客户需要在 PCB 设计阶段导入 LOGO 标示归属特性。

如果 LOGO 是 CAD 图纸，可以直接按照前面 DXF 导入方法进行导入，如果 LOGO 是图片文档，我们可以按照如下操作进行导入。

（1）位图的转换如图 6-38 所示。利用 Windows 画图工具，把图片转换成单色的 BMP 位图。LOGO 图片像素较高时，转换的 LOGO 更清晰。

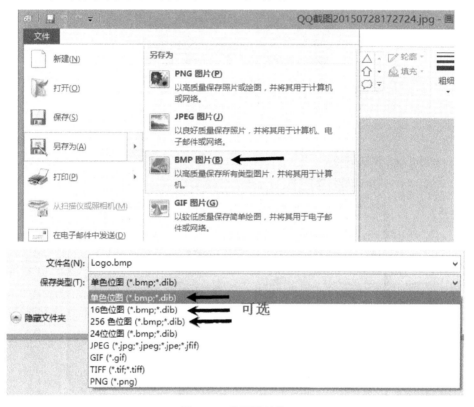

图 6-38　位图的转换

🦅 小助手提示

如果图片转换后失真比较严重，可以更换保存类型，如"256 色位图"。

（2）下面开始导入步骤，打开 Altium Desig9ner15 软件，打开 DXP_Run script...找到 PCB LOGO 导入的脚本"PCBLogoCreator.PRJSCR "，"RunConverterScript"，进入下一步。

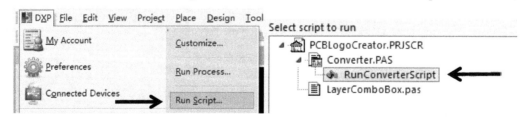

图 6-39　执行转化脚本

（3）如图 6-39 所示，单击"Load"加载上面已经转换好的位图，"Board Layer"选择好放置层，根据需要尺寸调换比例尺，设置完转换后单击"Convert"按钮，进行转换。

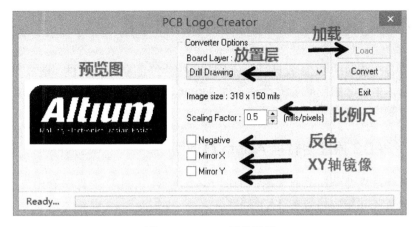

图 6-40 LOGO 转换设置

（4）如图 6-40 所示，转换完成可以查看效果图，如图 6-41 所示。

图 6-41 LOGO 转换示意图

（5）如需要转换成器件，方便下次调用的话，可以直接复制相应元素，新建一个器件封装，如图 6-42 所示。

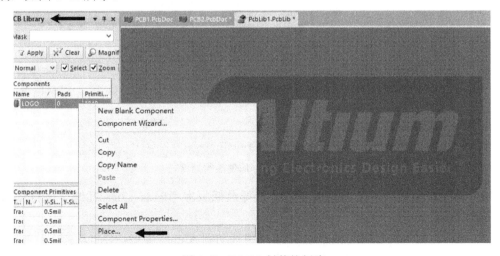

图 6-42 LOGO 封装的创建

## 6.10 Altium、PADS、Allegro 原理图的互转

因为目前各个公司的 PCB 设计软件不同，也因为产品原理具有性，造成对各版本原理图转换的需求。本书介绍当前主流设计软件 Altium、PADS 和 Cadence Allegro 之间的文件互转，供读者参考。

### 6.10.1 PADS 原理图转换 Altium 原理图

（1）打开一份需要转换的原理图，如图 6-43 所示，单击"文件—导出"，利用 Export 功能导出一份 ASCII 编码格式的 TXT 档案。

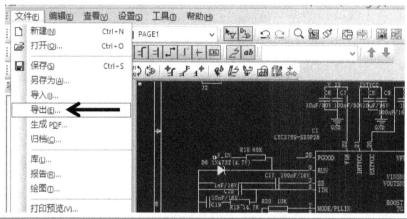

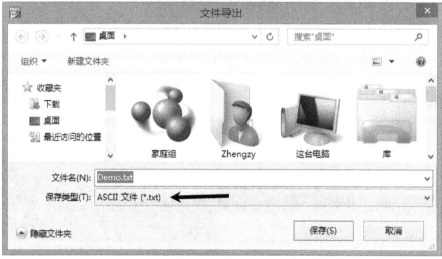

图 6-43 PADS 原理图的导出

（2）设置输出选项，全选输出参数，选择最低版本"Pads Logic2005"进行输出，如图 6-44 所示。

（3）把导出的 ASCII 编码格式的 TXT 档案拖动到 Altium 窗口，会自动弹出转换向导，如图 6-45 所示，根据向导完成转换即可。

图 6-44 ASCII 输出版本的设置

图 6-45 原理图转换向导

（4）因为软件本身具有兼容性问题，转换过程中可能存在不可预知的错误，因此转换完成后的原理图仅供参考，如果要使用则须进行修正确认。

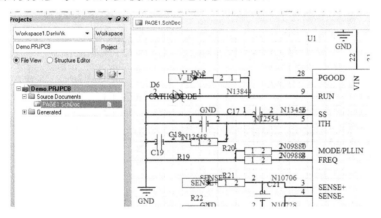

图 6-46 转换效果图

## 6.10.2 Allegro 原理图转换 Altium 原理图

（1）用 Allegro 原理图转 AD 原理图时，一般有版本要求，最好是 16.2 及以下版本，用 ORCAD 打开原理图之后在主菜单上单击右键另存为一个 16.2 的版本，如图 6-47 所示。

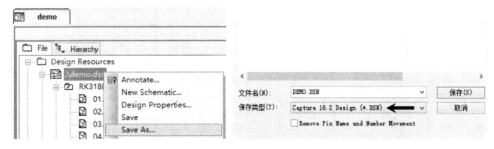

图 6-47 Orcad 的低版本

（2）ORCAD 转换向导如图 6-48 所示，和 PADS 原理图转换步骤一样，把 16.2 版本的原理图直接拖动到 Altium 窗口，按照弹出的转换向导进行转换，并按图示进行勾选设置，并完成转换。

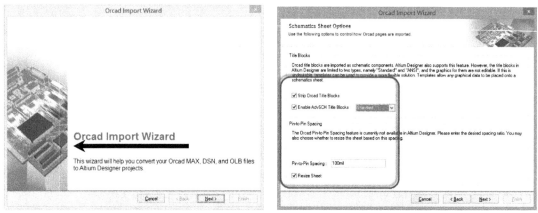

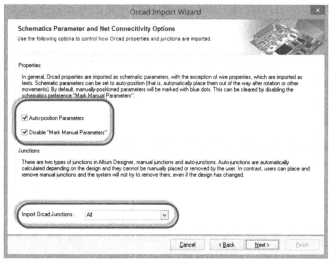

图 6-48　ORCAD 转换向导

（3）同样，转换后的 AD 版本原理图如图 6-49 所示。转换存在不可预知错误，仅供参考，如须使用，须检查及确认。

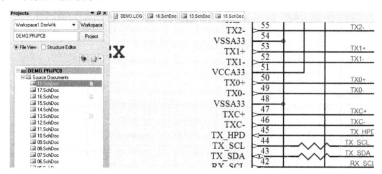

图 6-49　转换后的 AD 版本原理图

### 6.10.3 Atium 原理图转换 PADS 原理图

（1）在程序中找到并打开 PADS 中的"Symbol and Schematic Translator for PADS logic"转换工具，如图 6-50 所示，选择"Protel 99SE/DXP"。

（2）添加需要转换的 Altium 文件及设置文件输出路径，原理图的添加和路径设置，如图 6-51 所示。

图 6-50　原理图转换器　　　　　　　图 6-51　原理图的添加和路径设置

（3）按照向导进行转换，直到转换完成，转换之后的 PADS 版本原理图用 PADS Logic打开即可，如图 6-52 所示。

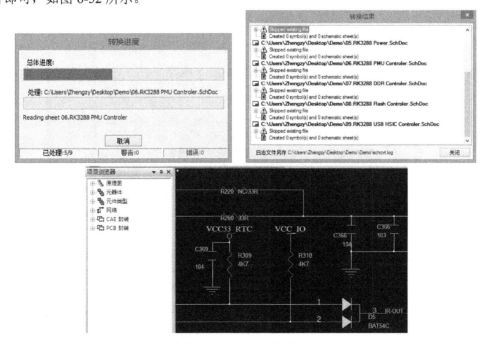

图 6-52　PADS 版本原理图

（4）第二种方法可以直接打开 PADS Logic 软件，利用 Import 功能直接进行导入，选择导入"Protel DXP/Altiun Deisgner2004-2008 原理图文件"，可以直接打开，同样转换完成之后请检查并确认好原理图，如图 6-53 所示。

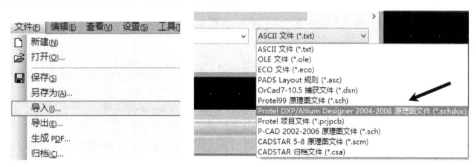

图 6-53　Import AD 原理图

## 6.10.4　Altium 原理图转换 Orcad 原理图

（1）准备需要转换的原理图，利用 Altium 的新建工程功能新建一个工程，并把需要转换的原理图（可多页原理图）加载到工程文件下，如图 6-54 所示。

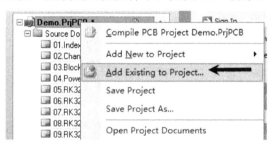

图 6-54　添加到工程

（2）单击右键选择"Save Project As"把此工程文件保存为".DSN"格式的文件。

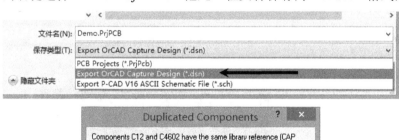

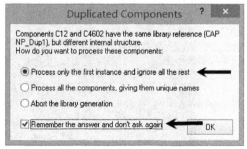

图 6-55　转换设置

（3）上述步骤完成之后，转换基本完成，我们一般需要采用 Orcad10.5 版本才能打开转换之后的文件，打开后再保存一次，就可以用高版本打开了。

### 6.10.5 Orcad 原理图转换 PADS 原理图

（1）转换原理图之前我们一般需要把 Orcad 原理图的版本降低到 16.2 及以下版本，同前几节，用 Orcad 打开原理图之后在主菜单上单击右键另存为一个 16.2 的版本。

（2）在程序中找到并打开 PADS 中的"Symbol and Schematic Translator for PADS logic"转换工具，如图 6-56 所示，选择"Orcad Capture"。

图 6-56　原理图转换器

（3）添加需要转换的 Orcad 文件及设置文件输出路径，如图 6-57 所示。

图 6-57　原理图的添加与路径设置

（4）按照向导进行转换，直到转换完成，转换之后的文件用 PADS Logic 打开即可。

（5）ORAD 原理图的导入如图 6-58 所示，同 Altium 原理图转换 PADS 原理图一样可以直接利用导入法进行转换。

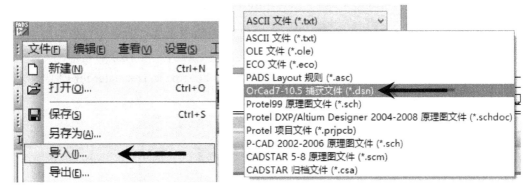

图 6-58　ORACD 原理图的导入

（6）PADS 原理图转 Orcad 原理图

软件转换的相互性如图 6-59 所示，利用各软件之间互转的功能可以选择先把 PADS 原理图转换成 Altium 原理图，再用 Altium 转换成 Orcad 的原理图（相关方法参照前文）。

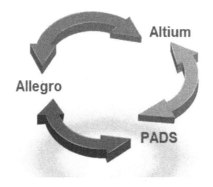

图 6-59　软件转换的相互性

## 6.11　Altium、PADS、Allegro PCB 的互转

原理图一样，因为厂商的差异性，我们可能需要复制用到不同软件 PCB 设计里面的器件封装、模块、DDR 走线等元素。这时候 PCB 文件在不同软件中的转换就有其必要性。

### 6.11.1　Allegro PCB 转换 Altium PCB

转换 PCB 之前我们一般需要把 Allegro 的 PCB 版本降低到 16.3 及以下版本，此处以 Allegro16.6 为例，打开一个 16.6 版本的 PCB，执行菜单命令"File-Export-Downrev Design..."如图 6-60 所示，导出 16.3 的版本。

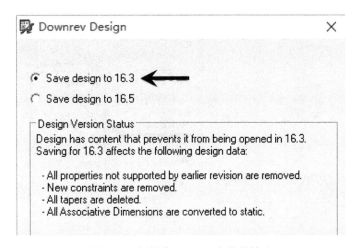

图 6-60　低版本 Allegro 文件的转出

把所转换之后的 ".Brd" 文件拖动到 AD 窗口，根据转换向导即可完成 PCB 文件的转换，如图 6-61 所示。

图 6-61　Allegro PCB 的转换

## 6.11.2　PADS PCB 转换 Altium PCB

利用 PADS 软件打开需要转换的 PCB，利用 Export 功能转出一个 "ASC" 文件，导出设置时全选所有元素进行输出，选择 "PowerPCB V5.0" 版本，并且勾选展开属性选项，保存好导出的 "ASC" 文件，如图 6-62 所示。

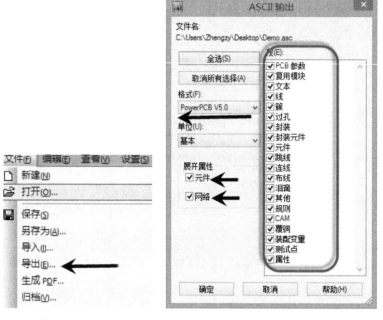

图 6-62　ASC PCB 文件的导出

　　把刚才保存好的"ASC"文件直接拖动到 Altium 窗口，软件会自动根据拖入的文件类型打开转换向导，进行转换。直接按照向导执行转换直到转换完成即可。

　　如图 6-62 所示，有时会出现不能转换，或者说转换无法再进行下去的情况，须单击转换窗口中的"Edit Mapping"，对导入层进行编辑设定，找到"Not Imported"的层。全部选中单击右键，把选中的层选择导入到某个"Mechancial"层或其他层，直到窗口中的"Not Imported layers"为"0"，然后按照向导完成转换导入即可，如图 6-63 所示。

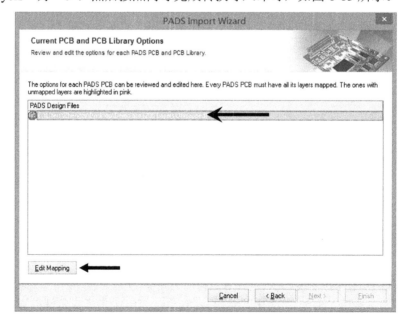

图 6-63　更改 Import 层属性

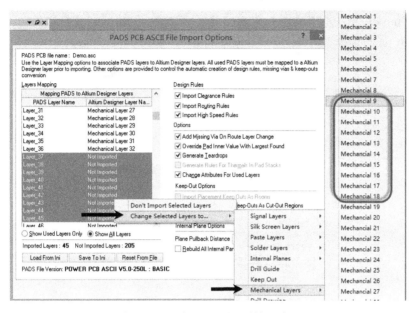

图 6-63　更改 Import 层属性（续）

转换完成后，如果需要调用其相关元素，例如封装，正确的做法是和相应的规格书再次比对下，特别是接插件的引脚。

### 6.11.3　Altium PCB 转换 PADS PCB

**A. 方法一**

打开 PADS Layout，单击 File-Import，打开 pads 的 Import 功能，如图 6-64 所示，选择导入格式"Protel DXP/Altium Designer Design file（*.pcbdoc）"，选择需要转换的 PCB 文件，即可开始转换。

图 6-64　PADS Import 界面

以上如 Import 导入不成功，如图 6-65 所示可以使用 Altium 先把文件转 4.0 Protel 版本，在 Import 界面选择"Protel 99SE Design File（*pcb）"，进行导入。

图 6-65　Protel 99SE 文件导入

转换之后的 PCB 会有很多飞线的情况，铜皮也需要重新修正。转换文件仅供参考之用，须检查和修正之后方可使用。

**B. 方法二**

利用 Windows 程序找到 PADS layout Translator，进入如图 6-66 所示界面，单击右侧"Add"添加需要转换的 Altium PCB，在"Place translated file in"处设置好文件路径和库路径。"Translation Options"处选择 "Protel/Altium" 转换选项，单击"Translate"开始转换。

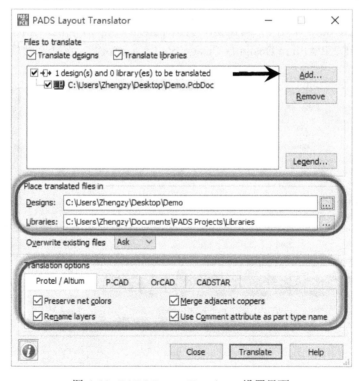

图 6-66　PADS Layout Translator 设置界面

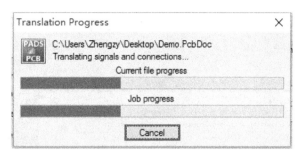

图 6-66　PADS Layout Translator 设置界面（续）

转换过程中往往因为软件的某些支持格式不一样会提示警告和错误信息，如图 6-67 所示。此类信息可以关注下，做到心中有数，方便转换完之后进行检查确认。至此转换已经完成。

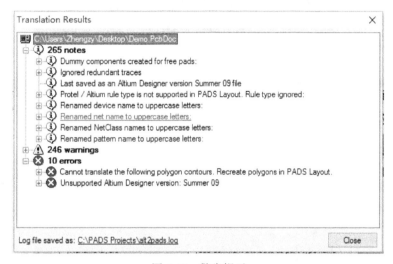

图 6-67　警 告 提 示

在刚设置的路径处，找到转换的文件如图 6-68 所示，打开即可。由于软件的不兼容性，转换之后的 PCB 也会有很多飞线的情况，检查和修正之后即可使用。

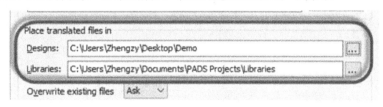

图 6-68　路 径 设 置

### 6.11.4　Altium PCB 转换 allegro PCB

（1）利用软件转换的相互性，把 AD 的 PCB 文件转换成 PADS 的 PCB 文件，并且导出 5.0 版本的 ASC 文件。

（2）打开 Allegro PCB Editor，执行菜单命令"Import-CAD Translators-PADS"。

（3）如图 6-69 所示，在导入界面执行导入所需要的"Demo.asc"，加载"PADS_in.ini"插件，并设置好输出路径。

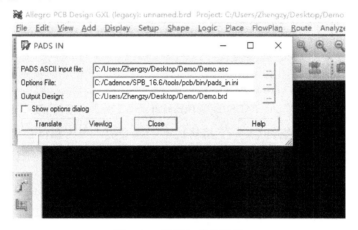

图 6-69　转换加载及设置

（4）执行命令"Translate"，完成转换，转换文件检查校验后可以参考调用。

### 6.11.5　Allegro PCB 转换 PADS PCB

如上面讲述 Altium 转 Pads 一样，利用 Import 功能直接导入，在转换之前需要把 allegro 的文件版本降低到 16.2 及以下版本。

**方法一**：在 PADS 的 Import 界面，如图 6-70 所示，选择导入格式"Allegro Board files

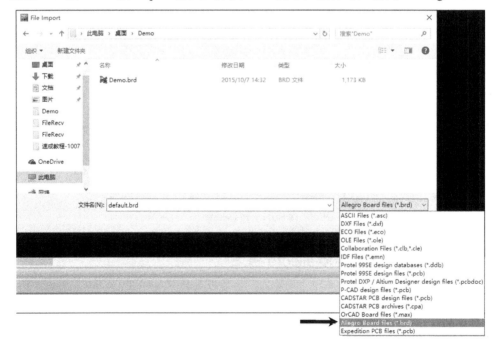

图 6-70　Allegro PCB 的导入

（\*.brd）"，选择需要转换的 PCB 文件，即可开始转换。稍微查看一下转换过程中的错误和警告信息，转换完成之后进行详细检查方可使用。

**方法二**：如图 6-71 所示，利用软件之间相互转换的功能，可以先把 Allegro 的 PCB 文件转换成 Altium 的文件，再把 Altium 的文件转换成 PADS 的文件即可。具体方法参照上面转换讲解。

图 6-71 软件转换的相互性

## 6.12 Gerber 文件转换 PCB

很多时候我们手上拥有了光绘文件（Gerber），但是苦于 PCB 源文件没办法拿到，而我们又想看一下 PCB 整板的 3D 效果或者与 Gerber 的比对文件。其实这样的做法无疑是为了抄板时的校准，因为，如果想看 Gerber 里面的文件，直接用 CAM350 软件就可以查看每一层或者是整个电路板的样子，也会更正确地查看线路的连接。因为格式兼容的问题，转换的 PCB 仅供参考，须检查修正才能使用。

**方法一**：由于三种软件的 Gerber 转换的顺序与步骤都是一样的，不一样的地方就是三种软件导出来的 Gerber 格式不一样，在不相同的那一步本节会分别列出三种软件层信息设置的效果图供大家参考。

（1）打开 Altium 软件，File-New-Project-PCB Project 新建一个工程文件，并且加载或创建一个"CAM Document"，如图 6-72 所示。

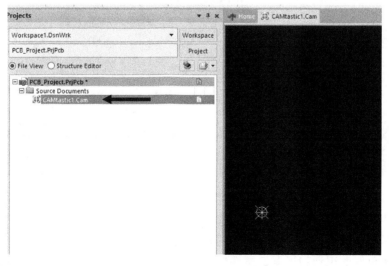

图 6-72 创建 CAM Document

（2）Gerber 文件的导入，此处导入有两种方法，Import-quick Load...是把每一层的 Gerber 文件和 NC Drill 执行快速导入的方法，另一种先导 Gerber 文件，再导入钻孔文件，效果是一样的。Gerber 的导入如图 6-73 所示，在此导入一个 Allegro 的四层板 Gerber。

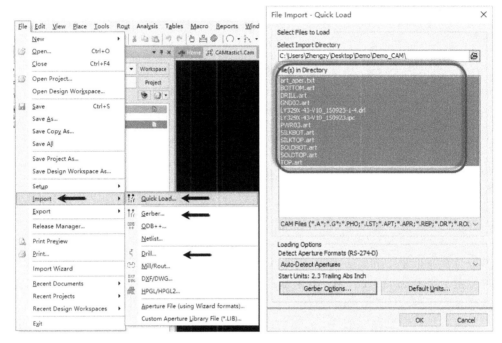

图 6-73　Gerber 的导入

（3）转换过程中会出现 LOG 信息，我们可以大概浏览下，做到心里有数，方便后续检查，转换效果图如图 6-74 所示。

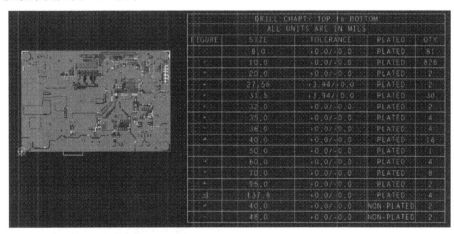

图 6-74　Gerber 导入效果图

（4）文件导入之后，需要核对层叠是否对应一致。单击 Tables-layers，如图 6-75 所示，进行层叠的对应，并且更新好信号层的层叠顺序。

为了大家更好的识别和设置好层叠对应，以下提供 Allegro、PADS、Altium 三种软件的 Gerber 定义。

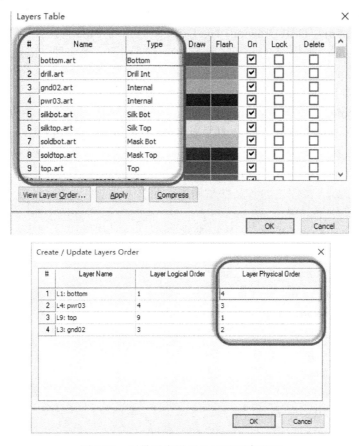

图 6-75　层叠对应设置及层叠顺序设置

① Allegro Gerber 文件里的各各文件后缀名的定义：

nc_param.txt；

ncdrill.tap(ncdrill.drl)——钻带文件；

art_aper.txt——（光圈表及光绘格式文件）Aperture and artwork format；

art_param.txt——（光绘参数文件）Aperture parameter text；

top.art——（元件面布线层 Gerber 文件）Top(comp.)side artwork；

bottom.art——（阻焊面布线层 Gerber 文件）Bottom(comp.) side artwork；

soldermask_top.art——（元件面阻焊层 Gerber 文件）Top(solder) side solder mask artwork；

soldermask_bottom.art——（阻焊面阻焊层 Gerber 文件）Bottom(solder) side solder maskartwork；

pastemask_top.art——(表面贴元件面焊接层 Gerber 文件)Top side paste mask artwork；

pastemask_bottom.art——(表面贴阻焊面焊接层 Gerber 文件) Bottom side paste mask；

silkscreen_top.art——（元件面丝印层 Gerber 文件） Top(comp.)side silkscreen artwork；

silkscreen_bottom.art——（阻焊面丝印层 Gerber 文件）Bottom(solder) side silkscreen artwork；

drill.art——钻孔和尺寸标注文件。

② Pads Gerber 文件里的各文件后缀名的定义。

单面板：Routing 走线层（top or bottom），Silkscreen 丝印层（top and bottom），sold mask 阻焊层（top or bottom），Drill Drawing，NC Drill，外加一份 PCB 外形图（包括主要孔和槽）；

双面板：Routing 走线层（top and bottom），Silkscreen 丝印层（top and bottom），sold mask 阻焊层（top and bottom），Drill Drawing 钻孔参考层，NC Drill 钻孔层，外加一份 PCB 外形图（包括主要孔和槽）；

多层板：Routing 走线层（top，bottom，inner 内电层（包括 POWER 和 GND）），Silkscreen 丝印层（top and bottom），sold mask 阻焊层（top or bottom），Drill Drawing 钻孔参考层，NC Drill 钻孔层，外加一份 PCB 外形图（包括主要孔和槽）。如果做钢网就多加一个 Paste Mask（top or bottom），最后产生 PHO 文件。

③ Altium Gerber 文件里的各文件后缀名的定义。

双面板一般要输出的层：

.GBL - Gerber Bottom Layer——底层走线层；

.GTL - Gerber Top Layer——顶层走线层；

.GBS - Gerber Bottom Solder Resist——底层阻焊层；

.GTS - Gerber Top Solder Resist——顶层阻焊层；

.GBO - Gerber Bottom Overlay——底层丝印层；

.GTO - Gerber Top Overlay——顶层丝印层；

.GKO - Gerber KeepOut Layer——禁止布线层；

.GM1 - Gerber Mechanical 1——机械 1 层；

.GD1 - Gerber Drill Drawing——钻孔参考层；

.TXT - NC Drill Files——钻孔层。

通过以上定义，对应设置好层叠顺序和参数即可。

（5）抽取网表，如图 6-76 所示，执行 Tools-Netlist-Extract，进行网表抽取，抽取成功后，我们可以从软件右下角调取"CAMtastic"进行查看。

图 6-76 网表抽取

（6）如果 Gerber 中包含 IPC-D-365（IPC 网表），执行 Tools-Netlist-Rename Netlist...我们可以对网络进行准确的命名，若没有则不可执行，直接进行下一步。

（7）执行 File-Export-Export PCB...最后一步转换成 PCB 文件，如图 6-77 所示，至此 Gerber 转换 PCB 完成。

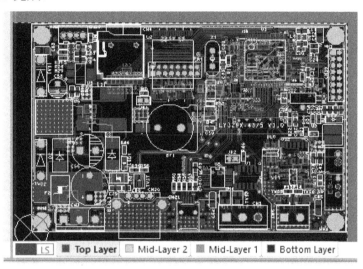

图 6-77　Gerber 转 PCB 效果图

**方法二**：因为 Altium 拥有强大的导入功能，我们可以利用 DXF 文件的导入方法进行 Gerber 文件对 PCB 的转换。

（1）利用 CAM350 导入需要转换的 Gerber 文件，在 CAM350 界面执行 File-Export-DXF...导出操作，如图 6-78 所示，选择导出所有层。

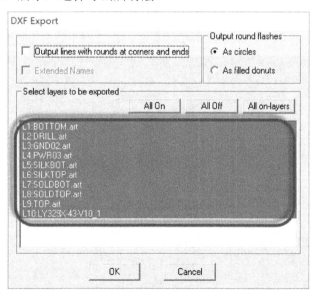

图 6-78　DXF 文件的导出

（2）打开 Altium 软件，执行 File-new-PCB 创建一个新的 PCB 文档，执行

File-Import-DXF/DWG，导入刚刚 CAM350 导出的 DXF 文件，如图 6-79 所示，选择好单位（和 CAM350 导出单位应该相同）。在 Layer Mappings 栏下根据上小节的层定义说明，选择好层叠匹配，单击"OK"执行导入即可。

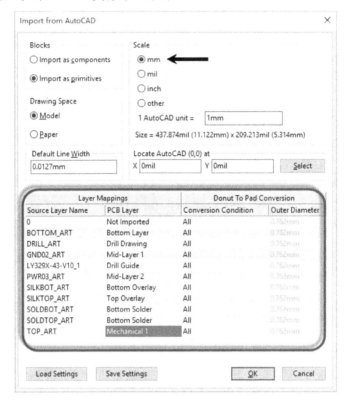

图 6-79  DXF 的导入

（3）至此，转换完成，如图 6-80 所示效果图，检查修正之后方可使用。

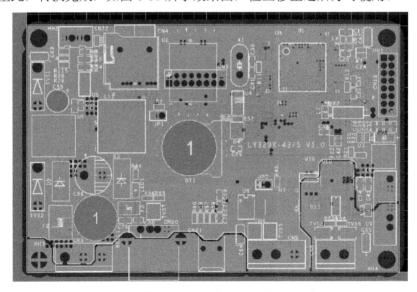

图 6-80  DXF 转 PCB 效果

# 第 7 章

# 设计实例：6 层核心板的 PCB 设计

理论是实践的基础，实践是理论检验的标准。本章通过一个 6 层核心板的设计回顾前文，充分让读者了解 PCB 设计中的具体操作与实现。

**学习目标：**

➢ 了解核心板的设计要求
➢ 通过实践与理论结合熟练掌握 PCB 设计的各个流程环节
➢ 掌握对 PCB 生产文件的输出

## 7.1 实例简介

核心板是将一个产品核心功能打包封装的一块电子主板。大多数核心板集成了 CPU、存储设备和引脚，通过引脚与配套底板连接在一起从而实现某个领域的系统芯片。人们也常常将这样一套系统称为嵌入式开发平台。因为核心板集成了核心的通用功能，所以它具有一块核心板可以定制各种不同的底板的通用性，这大大提高了单片机的开发效率。因为核心板作为一块独立的模块分离出来，所以降低了开发的难度，增加了系统的稳定性和可维护性。

本实例中的核心板带 1 片 DDR、1 片 Flash 及电源模块，要求用 6 层板完成 PCB 设计。其他设计要求：

（1）尺寸为 55mm×40mm；

（2）布局布线考虑信号稳定及 EMC。

## 7.2 原理图的编译与检查

### 7.2.1 工程文件的创建与添加

（1）执行菜单命令"File-New-Project"，创建一个新的工程文件"Demo.PrjPCB"，保存到硬盘目录。

（2）在"Demo.PrjPCB"工程文件上执行"右键"，选择"Add Existing to Project..."命令，选择其需要添加的原理图和客户提供的库文件。

（3）执行菜单命令"File-New-PCB"，创建一个新的"Demo.PcbDoc"。

## 7.2.2 编译设置

在"Demo.PrjPCB"工程文件上执行"右键"，选择"Project Options"进入编译设置选项，在"Report Mode"选项中选择报告类型。这里选择"Fatal Error"类型，方便查看错误报告，如图 7-1 所示，检查以下常见的检查项：

Duplicate Part Designators——重复的器件位号；

Floating net labels——悬空的网络；

Nets with multiple names——重复命名的网络；

Nets with only one pin——单点网络。

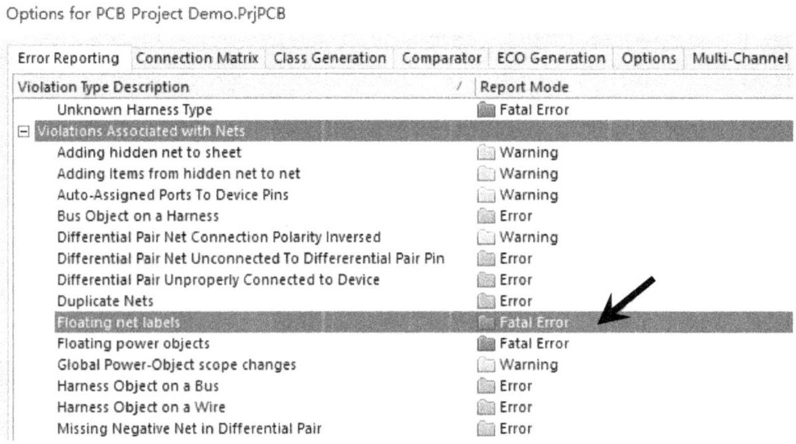

图 7-1 编译设置

## 7.2.3 工程编译

编译项设置之后即可对原理图进行编译，执行菜单栏命令"Project-Compile PCB Project Demo.PrjPcb"，即可完成原理图编译。

在工作界面右下角执行命令"System-Messages"，查看编译检查报告，存在问题的提交给客户进行更正，如图 7-2 所示。

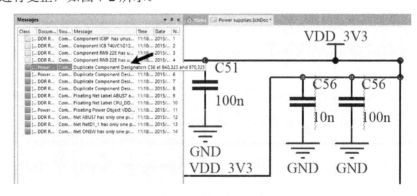

图 7-2 编译结果报告

## 7.3 封装库匹配检查及元器件的导入

在检查之前，我们可以先进行导入，查看导入的情况，看是否存在封装缺失或者器件引脚不匹配的情况。在原理图界面执行命令 Design—Updata Pcb Document...或者在 PCB 界面执行 Design-Import Changes From ...，执行 Execute change 命令可以开始执行导入操作，如图 7-3 所示。

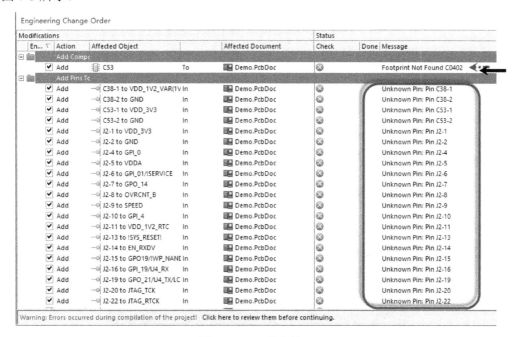

图 7-3　PCB 导入情况

🎀 小 助 手 提 示

出现导入错误提示可以通过下面的方式进行编辑，如果导入没问题可以直接跳过，完成整个器件的导入。

### 7.3.1 封装的添加、删除与编辑

（1）执行菜单命令 Tools—Footprint Manager…，进入封装库管理器，可以查看所有器件的封装信息。

① 确认所有的器件都存在封装名称，如果不存在，就会存在器件网络无法导入的问题，如 "Unknown Pin" 的报告。

② 确认封装名称和封装库的匹配，如原理图中的封装名称为 "0402C"，PCB 库中的封装名称为 "C0402"，则无法进行匹配。

（2）封装库管理器中，检查无封装名称的器件和封装名称不匹配的器件，可以对其进行增加、删除和编辑的操作，使其与封装库里面的封装匹配上，如图 7-4 所示。

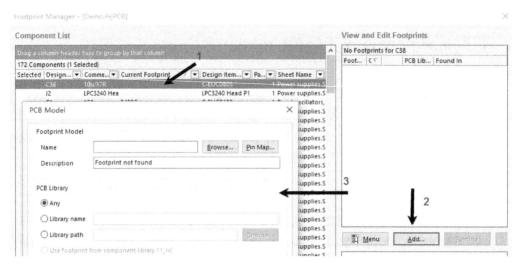

图 7-4　封装库的添加、删除与编辑

（3）修改或选择完库路径后，单击 OK，执行"Accept Changes（Create ECO）"命令，并"Execute Changes"执行更改。

### 7.3.2　器件的完整导入

（1）按照直接导入法，再一次对原理图进行导入 PCB 操作，在导入界面右边 Status 可以查看导入状态，"✔"表示导入没问题，"✘"表示导入存在问题。

（2）如果存在问题，重复 7.3.1 节的步骤，直到导入状态栏全部通过，即完成器件的完整导入，如图 7-5 所示。

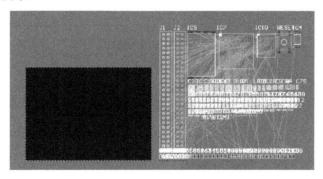

图 7-5　PCB 器件导入效果

## 7.4　PCB 推荐参数设置、叠层及板框绘制

### 7.4.1　PCB 推荐参数设置

（1）不常用的 DRC 可以取消不用检测，DRC 检测过多导致 PCB 设计布局布线的时候经常卡顿，如图 7-6 所示，可以只剩下电气规则的检查项。

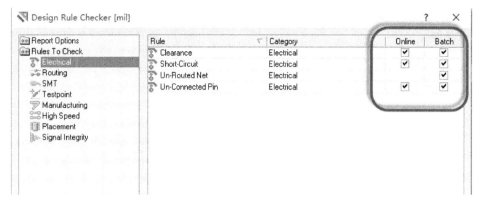

图 7-6  电气规则检查项

（2）利用全局操作把器件的位号丝印调小（推荐字高 10mil，字宽 2mil）并调整到器件中心，不至于阻碍视线，方便布局布线时识别，如图 7-7 所示。

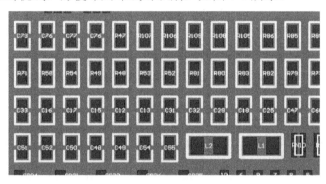

图 7-7  丝印放置器件中心

## 7.4.2  PCB 叠层设置

（1）根据设计要求，按照 6 层板叠层，根据 BGA 的"深度"，可以评估需要两个内层走线，如图 7-8 所示，所以我们按照常规叠层"TOP GND02 ART03 ART04 PWR05 BOTTOM"方式叠层。

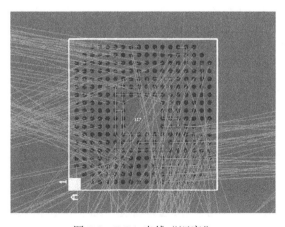

图 7-8  BGA 出线"深度"

（2）执行快捷命令"DK"，进入层叠管理器，通过"Add layer"和"Add Internal Plane"，完成叠层操作。

（3）为了方便对层进行命名，鼠标双击层名称可以更改为比较容易识别的名字，同时为了满足"20H"的要求，我们一般在叠层的时候让"GND 层"内缩 20mil，"PWR 层"内缩 60mil，如图 7-9 所示，在"Pullback"栏进行设置。

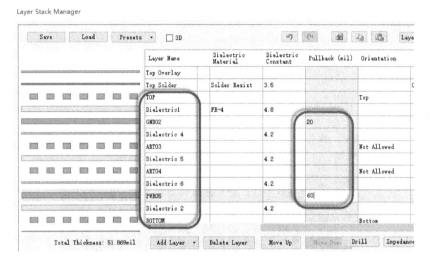

图 7-9 叠层的设置

### 7.4.3 板框的绘制

（1）按照设计要求，板框定义为 55mm×40mm 的矩形，可以通过命令"Place-Line"自绘一个满足尺寸要求的矩形框。

（2）选中绘制好的闭合的矩形框，执行菜单命令"Design-Board Shape-Define from selectd objects"，定义板框。

（3）执行菜单命令"Place-Dimension-Linear"，在"Mechanical"层放置尺寸标示，单位选择 mm。

（4）放置层标示符"TOP GND02 ART03 ART04 PWR05 BOTTOM"如图 7-10 所示。

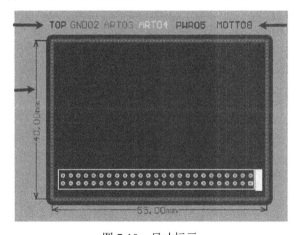

图 7-10 尺寸标示

## 7.5 交互式布局及模块化布局

### 7.5.1 交互式布局

为了达到原理图和 PCB 两两交互，需要在原理图界面和 PCB 界面都执行菜单命令"Tools-Cross Select Mode"，选择交互按钮。

### 7.5.2 模块化布局

（1）放置好两个接插的座子的位置及按键的位置（客户要求的结构固定器件），根据器件的信号飞线和"先大后小"的原则，把大器件的大概位置在板框范围内放置好，完成器件的预布局，如图 7-11 所示。

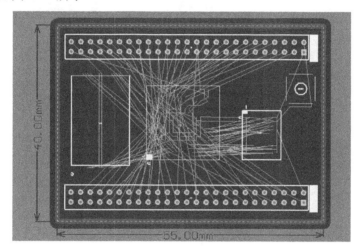

图 7-11　PCB 的预布局

（2）通过交互式布局和"Arrange Component inside Area"功能，把器件按照原理图页分块放置，并把其放置到对应大器件或对应的功能模块附近，如图 7-12 所示。

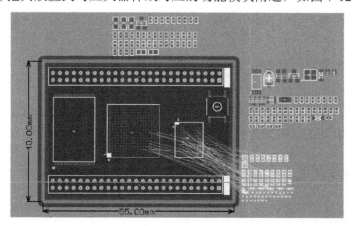

图 7-12　功能模块的分块

（3）通过局部的交互式和模块化布局完成整体的 PCB 布局操作，如图 7-13 所示。
布局遵循以下基本原则：

① 滤波电容靠近 IC 引脚放置，BGA 滤波电容放置在 BGA 背面引脚处；

② 器件布局呈均匀化特点，疏密有当；

③ 电源模块和其他模块布局有一定的距离，防止干扰；

④ 布局考虑走线就近原则，不能因为布局使走线太长；

⑤ 整齐美观。

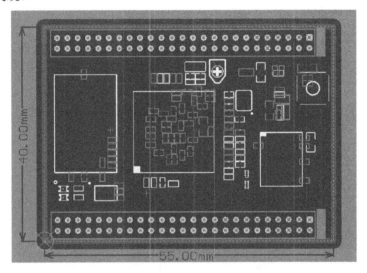

图 7-13　PCB 布局版图

# 7.6　PCB 设计布线

布线是电路板设计中最重要和最耗时的环节，考虑到核心板的复杂性，自动布线无法满足 EMC 等要求，本例中全部采用手工。布线应该大体遵循以下基本原则：

（1）按照阻抗要求进行走线，单端 50Ω，差分 100Ω，USB 差分 90Ω（本实例无 USB 布线）。

（2）满足 3W 原则，有效防止串扰。

（3）电源和 GND 进行加粗处理，满足载流。

（4）晶振表层走线不能打孔，高速线打孔换层处尽量增加回流地过孔。

（5）电源和其他信号线间留有一定的间距，防止纹波干扰。

## 7.6.1　Class 创建

为了更快对信号区分和归类，执行快捷键"DC"，对 PCB 上功能模块的网络进行类的划分，创建多个"NetClass"。此核心板分为以下几类：GPIO、I2C、JATG、ENTXRX、PWR。

## 7.6.2 布线规则的创建

### 1. 间距规则设置

（1）执行快捷命令"DR"进入规则管理器；

（2）单击右键，新建两个间距规则，整板"All"规则和"Poly"铜皮规则，如图7-14所示。

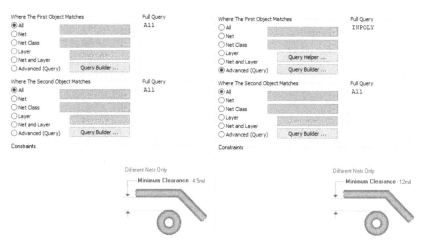

图7-14 "ALL"和"铜皮"间距规则

### 2. 线宽规则设置

（1）根据阻抗的要求，创建一个针对常规走线的线宽规则，如图7-15所示。

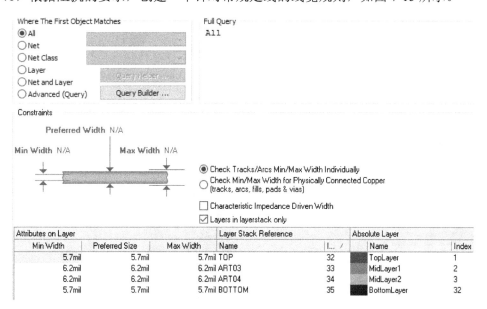

图7-15 阻抗线宽规则

（2）创建一个针对"PWR"类的线宽规则，对齐网络线宽进行加粗设置，如图7-16所示。

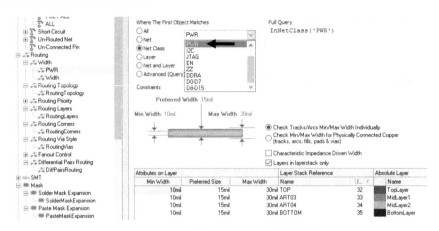

图 7-16　PWR 线宽规则

### 3. 过孔规则的创建

通过了解 BGA 的 Pitch 间距，来设定过孔的大小。此核心板的 BGA Ptich 间距为 0.8mm，可以采用 8/16mil 大小的过孔，如图 7-17 所示。

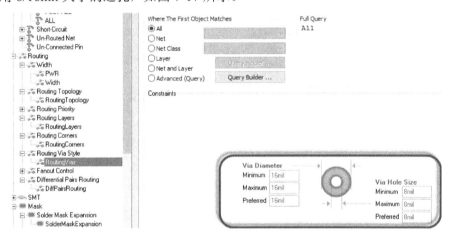

图 7-17　过孔规则的创建

### 4. 创建阻焊开窗的规则

常用阻焊规则单边开窗 2.5mil，如图 7-18 所示。

图 7-18　阻焊规则的设置

### 5. 负片层连接方式

负片层常采用全连接的方式，如图 7-19 所示，选择"Direct Connect"连接方式。

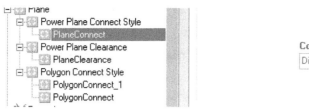

图 7-19　负片层连接方式

### 6. 负片反焊盘设置

反焊盘一般设置范围为 8～12mil，通常设置为 9mil，如图 7-20 所示。

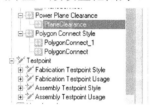 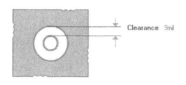

图 7-20　反焊盘的设置

### 7. 正片铜皮连接方式

（1）焊盘一般设置为十字"花焊盘"连接方式（Relief Connect），同时设置好十字连接的线宽宽度，如图 7-21 所示。

图 7-21　铜皮的连接方式

（2）正片铜皮和过孔的连接方式一般设置为全连接的方式（Direct Connect），如图 7-22所示，优先于焊盘的连接规则。

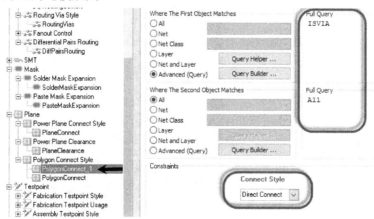

图 7-22　过孔与铜皮的连接方式

### 7.6.3　器件扇出

（1）执行菜单命令"Auto Route-Fanout-Component"，配置好 Fanout 选项，点选 BGA，完成 BGA 的扇出。

（2）针对 IC 类、阻容类器件实行手工器件扇出。器件扇出时，有以下要求：

① 过孔不要扇出在焊盘上面；

② 不要扇出太密，容易造成平面割裂；

③ 扇出线尽量短，以便减小引线电感。

（3）BGA 扇出、IC 类扇出及阻容扇出效果如图 7-23 所示。

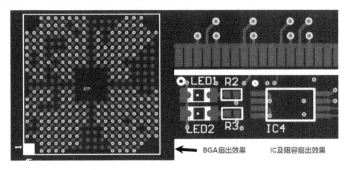

图 7-23　BGA、IC 及阻容扇出效果

### 7.6.4　对接座子布线

因为对接座子是核心板和底板进行连接的窗口，走线的网络可以进行调整，只需要底板和核心板的网络对接上即可。因为考虑到核心板比较密集，我们可以根据 BGA 出线的情况自定义核心板对接座子的网络。

（1）为了考虑走线信号的一致性，尽量让同组"Netclass"里面的网络同层并同方向出线。通过调成 BGA 过孔位置和扇孔方向，优先把 BGA 里面的飞线按照顺序进行拉出，如图 7-24 所示。

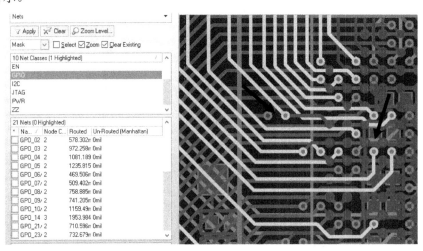

图 7-24　BGA 的出线

（2）可以把 BGA 里面拉出来的走线和座子的每个引脚一一对应，不用管连接顺序，如图 7-25 所示，等到后期再调整顺序即可。通过这种方式，把 BGA 到座子的所有网络都对应好，检查不要遗漏。

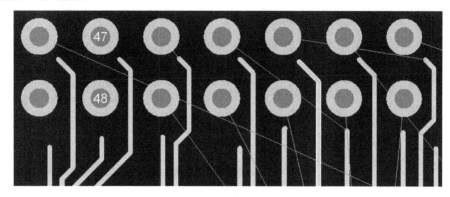

图 7-25　走线和座子的对应

（3）根据 BGA 出现的网络，把座子焊盘的网络更改为与其对应的网络，　完成引脚的调换并完成走线，如图 7-26 所示。

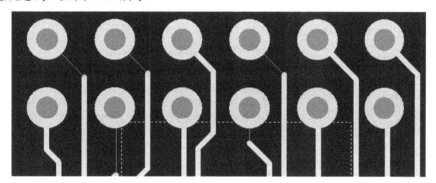

图 7-26　调整之后的走线和座子线序

### 7.6.5　DDR 的布线

DDR=Double Data Rate 双倍速率同步动态随机存储器，属于高速 PCB 设计的内容。DDR 信号划分为：数据线、地址线、时钟线、控制线、电源线及 GND。

（1）根据 DDR 的信号划分，创建如下 "Netclass"：

①Data0-7——D0-D7、DQM0、DQS0；

②Data8-15——D7-D15、DQM1、DQS1；

③Add_DDR——A0-A14、CAS、DDR_WR、DDR_RAS、DDR_CS、CLK、!CLK、DDR_CKE

（2）时钟差分的添加。

① PCB 界面右下角状态栏上点选 PCB-PCB，调出差分对编辑器。

② 执行 "Add" 命令，因为只有一对差分可以手动添加 CLK 和! CLK 差分网络，并可以按图 7-27 所示，更改差分对名称，方便识别。

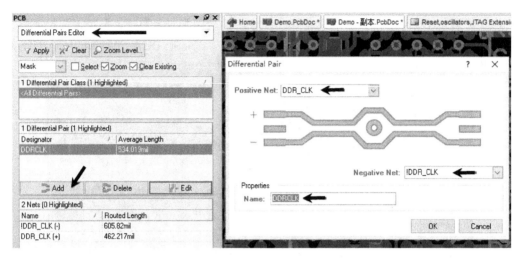

图 7-27　添加时钟差分

③ 点选差分规则编辑器的"Rule Wizard"通过向导进行差分规则的设置。创建一个表层为 4.1/8.5mil，内层为 4.5/8.5 的线宽/间距规则，如图 7-28 所示。

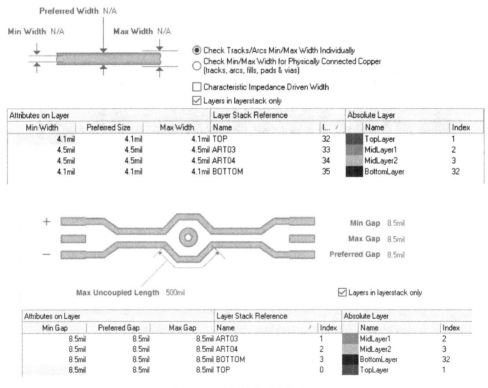

图 7-28　时钟差分线宽与间距

（3）数据"Data0-7"Class 9 根同层走线，数据"Data8-15"Class 9 根同层走线，地址、控制、时钟 Class"Add_DDR"，通过"ART03、ART04"层完成走线，走线间距满足"3W"原则，如图 7-29 所示。

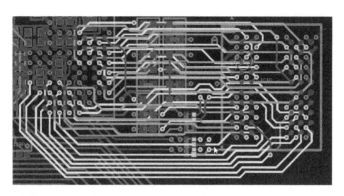

图 7-29　DDR 走线

（4）DDR 走线的等长。

在高速 PCB 信号传输过程中，为了满足时序性，需要对信号线进行等长处理，完成 DDR 的联通性之后，我们需要对其走线进行蛇形等长，如图 7-30 所示。

① 因为数据线中间存在"串阻"，可以按照前文中提到过的短接法，把原理图里面的串阻端接并更新到 PCB 中，检查更新之后相对应的 Class 网络是否变更正确。

② 执行快捷命令"TR"，按照上文设置的 Class："Data0-7"、"Data8-15"及"Add_DDR"分别进行蛇形等长。

③ 执行快捷命令"TI"，按照上文提到的差分设置，对差分时钟进行蛇形等长。

④ 在等长过程中，不满足"3W"原则的走线需要拉宽满足。

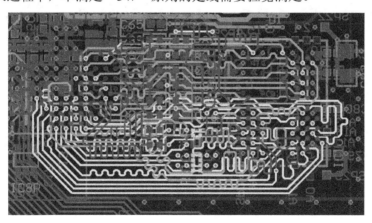

图 7-30　DDR 的等长

### 7.6.6　电源处理

电源处理之前需要先认识清楚哪些是核心电源，哪些是小电源？根据走线情况和核心电源的分布规划好电源的走线。

（1）根据走线情况，能在信号层处理的电源可以优先处理，核心电源 VDD_1.2 及 VDD_1V2_VAR（1V33）可以通过 ART03 直接覆铜。覆铜宽度一般按照 20mil 的宽度过载 1A 电流，0.5mm 过孔过载 1A 电流设计（考虑余量），如图 7-31 所示。

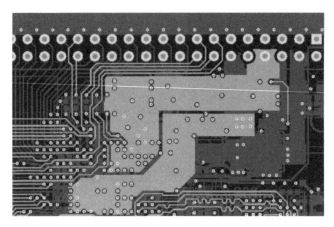

图 7-31　核心电源的处理

（2）考虑到走线的空间有限，有些核心电源需要通过电源平面层进行分割。根据前文提到过的平面分割技巧进行分割，并要充分考虑走线是否存在跨分割的现象，如果跨分割现象严重，可以考虑电源之间的覆铜或分割位置的互换，如图 7-32，此案例把平面层分割为 VDD_3V3 和 VDD_EMC（DDR 电源）两大块，DDR 全部包裹在 VDD_EMC 区域中，不存在跨分割现象。

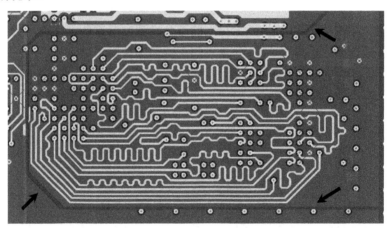

图 7-32　电源平面分割

# 7.7　PCB 设计后期处理

处理完连通性和电源之后，我们需要对整板的情况进行走线优化调整，以充分满足各类 EMC 等要求。

## 7.7.1　3W 原则

为了减少线间串扰，应保证线间距足够大，当线中心距不少于 3 倍线宽时，则可保持 70%的电场不互相干扰，称为 3W 规则。如图 7-33 所示，修线后期需要对此进行优化修正。

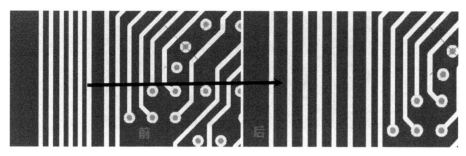

图 7-33  3W 优化

### 7.7.2  修减环路面积

电流的大小与磁通量成正比，较小的环路中通过的磁通量也较少，因此感应出的电流也较小，这就说明环路面积必须最小。如图 7-34 所示，尽量在再出现环路的地方让其面积做到最小。

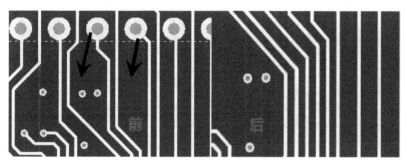

图 7-34  修减环路面积

### 7.7.3  孤铜及尖岬铜皮的修正

为了满足生产的要求，PCB 设计中不应出现"孤铜"，如图 7-35 所示，可以通过设置覆铜方式避免出现"孤铜"。为了满足信号要求及生产要求，PCB 设计中应尽量避免出现狭长的尖岬铜皮，如图 7-36 所示，通过放置 Cutout 切除。

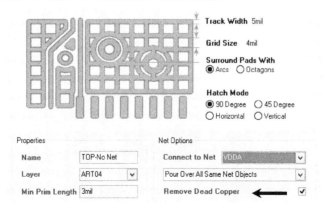

图 7-35  去除孤铜的设置

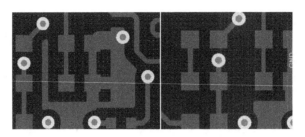

图 7-36　尖岬铜皮的去除

### 7.7.4　回流地过孔的放置

为了减少回流的路径，在一些空白的地方或打孔换层的走线附近放置 GND 过孔，特别是高速线旁边，如图 7-37 所示。

图 7-37　回流地过孔的放置

### 7.7.5　丝印调整

在后期器件装配时，特别是手工装配文件的时候，我们一般都要输出 PCB 的装配图，这时丝印位号就显示出必要性了（生产时 PCB 上的丝印位号可以隐藏）。按快捷键"L"，只打开丝印层及其对应的 Solder Mask 层，即可对丝印进行调整了。

以下是丝印位号调整遵循的原则及常规推荐尺寸：

（1）丝印位号不上阻焊；

（2）丝印位号清晰，字号推荐字宽/字高尺寸：4/25、5/30、6/45；

（3）方向统一性，一般推荐字母在左或在下，如图 7-38 所示。

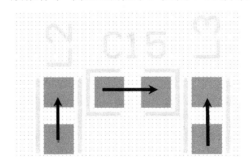

图 7-38　丝印位号显示方向

## 7.8 DRC 检查及 Gerber 输出

### 7.8.1 DRC 的检查

通过前面设置的规则可以看出，DRC 其实就是检查当前设计是否满足规则要求。执行菜单命令"Tools-Design Rule Check..."，进入 DRC 管理器，勾选需要检测项，如图 7-39 所示，建议"Online"和"Batch"选项都打开，方便定位警告错位位置。在 DRC 的"Messages"报告中，查看错误和更正问题，直到所有报错 DRC 类型清零或者忽略为止。

图 7-39 打开"Online"和"Batch"

### 7.8.2 Gerber 输出

后期修线和 DRC 都处理好后，我们需要对此核心板进行生产资料的输出。按照前文所说步骤一步一步进行资料的输出。

（1）光绘文件。

直接菜单命令"File-Fabrication outputs-Gerber Files"，进入 Gerber setup 界面，如图 7-40 所示，输出单位（units）选择"inch"，格式选择 2∶4 。

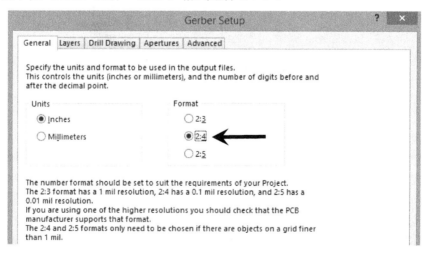

图 7-40 输出单位&格式精度选择

（2）"Layers"选项里面，在"polt lays"下拉菜单里面选择"Used on" 要检查一下，不要丢掉层，需要输出的层全部勾选，在"Mirror layers"下拉菜单里面选择"All off"全部关闭，如图 7-41 所示，注意各必选项和可选项的选择。

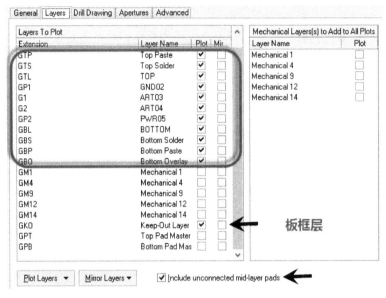

图 7-41　层的输出选择

（3）Drill Drawing 菜单栏中图示两处须进行勾选所用到的层，右侧框中选择 Driill Drawing 的标示大小和文字格式，可以选择第三项，如图 7-42 所示。

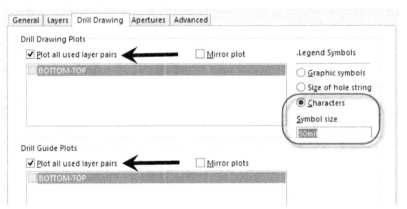

图 7-42　Drill drawing 设置

（4）Apertures 默认设置此项，选择"RS274X"格式进行输出，如图 7-43 所示。

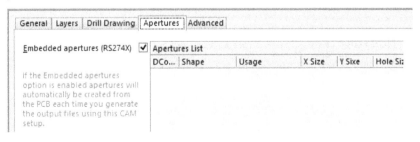

图 7-43　D 码格式

（5）Advanced 菜单项，如图 7-44 图示三项数值都在后面都增加一个 "0"，从而增大数值，防止输出面积过小的情况。其他选项采取默认设置即可。

图 7-44 Film Size 扩大设置

（6）Gerber 输出效果预览如图 7-45 所示。

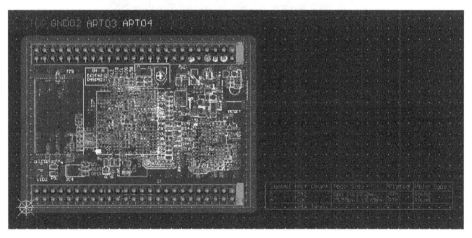

图 7-45 Gerber 输出预览

（7）钻孔文件。

设计文件上放置的安装孔和过孔需要通过钻孔输出设置进行输出，在 PCB 的文件环境中，单击 File-Fabrication outputs-NC Drill Files，如图 7-46 所示进入钻孔文件输出界面，单位选择 "inch"，格式选择 2：5。其他选项默认设置即可，如图 7-46 所示。

在 PCB 设计阶段，我们通常在 PCB 的右下角 "Drill Drawing" 层防止 ".Legend" 字符，在输出 Gerber 之后，我们会很详细地看到钻孔的属性以及数量等信息，如图 7-47 所示。

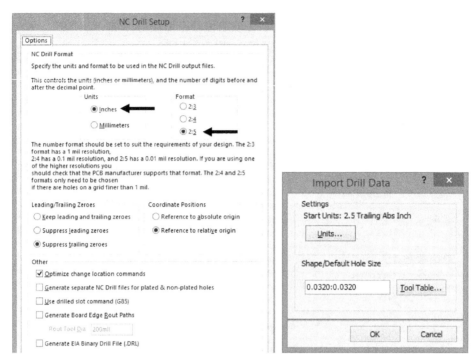

图 7-46　钻孔文件输出设置

图 7-47　".Legend"字符的放置和输出

（8）IPC 网表。

如果我们在提交 Gerber 文件给板厂时，要同时生成 IPC 网表给厂家核对，那么在制板时就可以检查出一些常规的开短路问题，避免一些损失。操作步骤为：在 PCB 界面下，打开 File→Fabrication outputs→TestPoint Report 进入 IPC 网标输出对话框，按照如图 7-48 所示进行相关设置，之后输出即可。

（9）贴片坐标文件。

制版生产完成之后，后期机器贴片时需要对各个器件进行贴片，这需要用各期间的坐标图，Altium 中通常输出 TXT 文档类型的坐标文件，如图 7-49 所示，在 PCB 文件环境中，执行菜单命令"File-Assembly Outputs-Generates pick and place files"，进入坐标文件生成界面，选择输出坐标格式和单位（通常为 mm）。

图 7-48 IPC 网表的输出

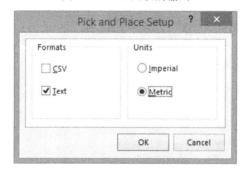

图 7-49 坐标文件设置

至此所有的 Gerber 资料输出完毕，把当前工程目录下的 Output 文件夹中的所有文件进行打包即可发送到 PCB 加工厂进行加工，如图 7-50 所示。

图 7-50 Gerber 文件的打包

# 第 8 章

# 常见问题解答集锦

为了最大程度集合 Altium PCB 设计中的基础及技巧，本书特此开设本章，详细叙述常见问题。

编者通过多年对网友问询的整理与搜集，重点列出了设计中最常见的 52 个问题，以问答的形式展现给读者，以便形象和生动地吸收所学的内容。描述不足之处也会在随书配赠的视频中进行解答。本章不设问答逻辑顺序，按照各位网友提问时间先后顺序进行搜集。

**学习目标：**

➢ 养成整理、搜集及记录问题的习惯

➢ 掌握常见问题的解决办法

1. 问：怎么快速切换层？层是否可以单层显示快速切换？

答：（1）Altium 自带快捷键中可以按键盘快捷键【*】切换： *只能依次切换，切换完一层后只能在切换完其余所有层之后才能再次回到当前层；

（2）使用小键盘中的"+""-"号，可以来回切换，比较方便。

（3）Ctrl+Shift+鼠标滚轮也可以来回切换。

（4）Shift+S 切换单层显示和多层显示。

（5）Customize 自定义快捷键进行切换，如图 8-1 所示。

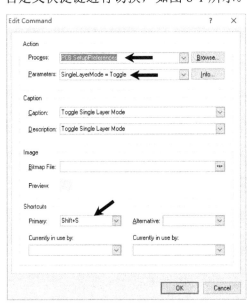

图 8-1　自定义切换层快捷键

2. 问：如图 8-2 所示，PCB 中如何放置镂空字体？

图 8-2　镂空字体

答：执行菜单命令 Place-String（快捷键 PS），放置需要放置的文字，双击变更字体属性，如图 8-3 所示，即可完成镂空字体的放置。

图 8-3　字体属性设置

3. 问：PCB 档案怎么导出 DXF？

答：Altium 有很好的导出功能，执行菜单命令 File→Export→DXF/DWG，设置导出版本、格式、单位、导出层等导出属性，即可完成 DXF 的导出，如图 8-4 所示。

4. 问：求 Altium 中任意角度布线设置方法？

答：（1）执行菜单命令 DXP-Preferences-PCB Editor Interactive Routing，确保 Interactive Routing Options 选项中的 Restrict to 90/45 处于非使能状态，如图 8-5 所示。

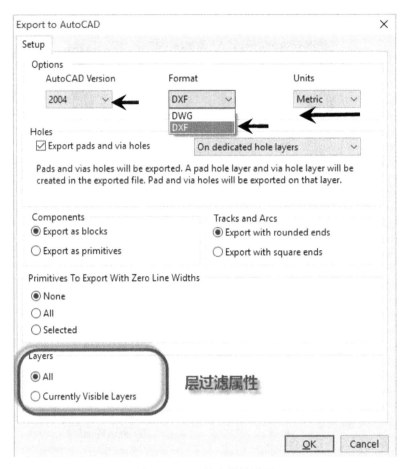

图 8-4　DXF 导出属性设置

（2）在走线的状态下按快捷键 Shift+空格进行切换。

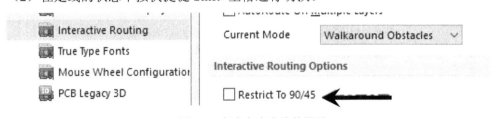

图 8-5　任意角度走线的设置

5. 问：Keepout 能否针对特定层设置？输出生产文件的时候是否可以在不删除的情况下不进行输出呢？

答：Keepout 做为特有属性是为了实现禁布的功能，目前不能单是指定某层进行禁布。在放置禁布的时候，只赋予其做为禁布元素属性，输出 Gerber 文件时是不输出的，如图 8-6 所示。

6. 问：Alium 有没有像 PADS 一样可以进行 PCB 对比的功能？

答：可以，可以直接进行"Show Differences..."比对两者之间的差异。

（1）添加需要比对的两个 PCB："Demo.pcbdoc"和"Demo-B.pcbdoc"到统一工程目录。

（2）单击"右键"，如图 8-7 所示，执行"Show Differences..."命令。

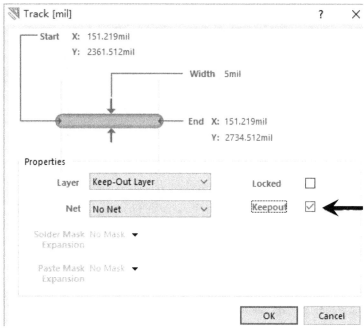

图 8-6　Keepout 的禁布属性

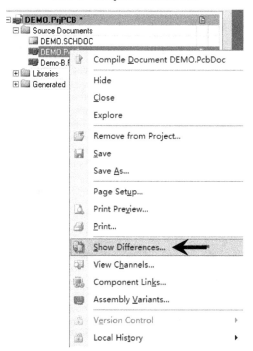

图 8-7　how Differences 命令

（3）在对比对话框中按图 8-8 所示，选择"Advanced Mode"模式，左右复选框中选择需要对比的 PCB，执行"OK"命令。

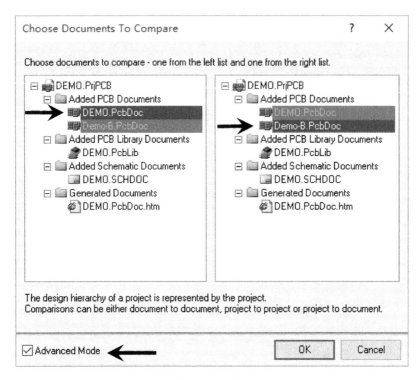

图 8-8　对比选择

（4）操作完成后，我们可以在列表中很明显看出两者的差异，包含"网络差异"、"封装差异"等，如图 8-9 所示。如果需要更新存在的差异，可以按照前文"网表导入法"执行更新。

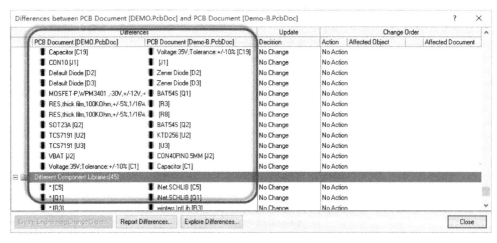

图 8-9　差异对比列表

7. 问：如何关闭烦人的坐标信息？

答：如图 8-10，在绘制 PCB 时，老是弹出下边信息的窗口，可以执行快捷键"Shift+H"进行关闭与显示的切换。

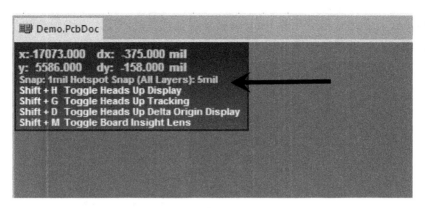

图 8-10 坐标信息的显示

8. 问：无意中按出来个放大镜，怎么关闭？

答：执行快捷键"Shift+M"取消。

9. 问：怎样在 PCB 上添加公司的名字或 LOGO？

答：可以在 PCB 中直接添加文字或者图片 LOGO。

（1）执行菜单命令 Place→String，放置文字，并设置放置的层，常规放置到丝印层，如果需要的是铜字，则放置到"TopLayer"层。

（2）图片 LOGO 放置方式可以参考前文的"PCB 文件中如何添加 LOGO"相关内容。

10. 问：布线的时候怎么在不停止布线的情况下添加过孔，快捷键是什么？

答：Altium 中在走线状态下自带快捷键"2"，可以快速放置过孔。

11. 问：单击走线在结束时能不能自动 Finish，是否需要鼠标再单击才能结束？

答：可以，如图 8-11 所示，执行菜单命令"DXP→Preferences→PCB Editor→Interactiving Routing"，勾选"Automatically Terminate Routing"和"Automatically Remove Loops"。

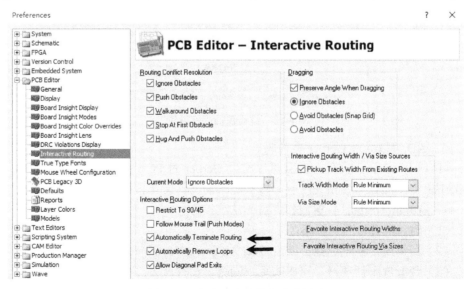

图 8-11 自动结束走线和移除回路

12. 问：什么是过孔盖油？AD 怎么设置过孔盖油？

答：（1）过孔盖油是指过孔的 Ring 环必须保证油墨的厚度，重点管控的是 Ring 环不接受假性露铜和孔口油墨，如图 8-12 所示盖油与非盖油对比图。

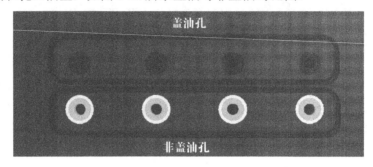

图 8-12　盖油与非盖油

（2）双击过孔进入过孔属性设置窗口，如图 8-13 所示，勾选"Force Complete Tenting On Top"与"Force Complete Tenting On Bottom"，即可完成盖油设置，可以锁中所有过孔，全局操作勾选盖油选项。

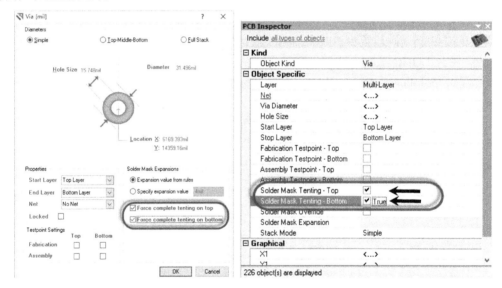

图 8-13　过孔盖油属性设置

13. 问：AD 可以导入 Gerber 文件吗？

答：可以导入 Gerber 文件，并且可以实现 Gerber 对 PCB 文件的转换，详情可以参考本书"Gerber 文件转 PCB"相关内容。转换过来的文件请勿直接使用，仅作参考之用。

14. 问：Altium Design14 覆铜和焊盘无法连接？

答：（1）确认是否为同一网络；

（2）覆铜属性框中选择"Pour Over All Same Net Objects"；

（3）查看规则管理器，铜皮间距规则是否设置过大；

（4）查看规则管理器中铜皮连接方式是否选择"No Connect"，如果是请更改，如图 8-14 所示。

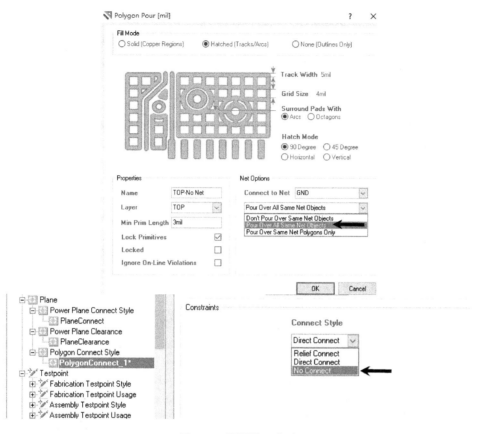

图 8-14  覆铜处理方式

15. 问：AD15 中如何让栅格显示为点状，而不是显示成格子状？

答："Ctrl+G" 进入格点设置窗口，如图 8-15 所示，Display 选项中 "Fine" 和 "Coarse" 都变更成 "Dots"。

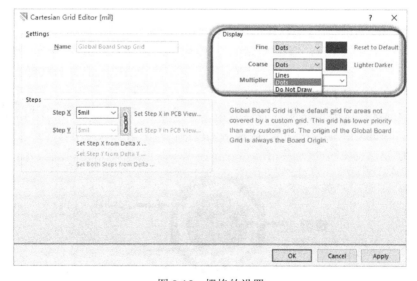

图 8-15  栅格的设置

16. 问：如何设置某个区域不进行 DRC 检查？

答：不可以，只能进行整体的 DRC 检测，也是为了设计的严谨性，如果为了使某个区域限制在某个规则内，可以针对这个区域设置一个区域规则，然后进行整体检测，详情请参考本书"域规则的设置"相关内容。

17. 问：AD10 更新原理图时，怎么把之前设置的一些 Classes 和 Room 规则保留？

答：在 PCB 设计时我们会根据 PCB 设计的一些情况，设置相对应的规则和 Room 区域，但是因为原理图中没有设置，在原理图和 PCB 比对更新的时候不能把这些规则或 Room 去掉。如图 8-16 所示，在执行更新时，在属于 Class 和 Room 的地方把前面的勾去掉，就可以满足要求。

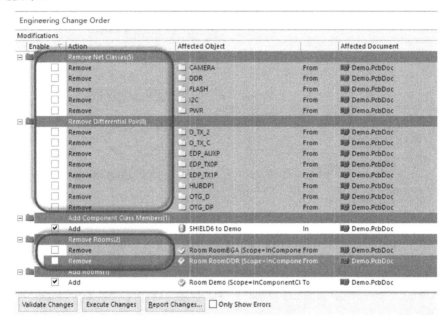

图 8-16　更新管理

18. 问：Mark 点的作用以及 Altium 中 Mark 的放置？

答：（1）Fiducial Mark，俗称 Mark 点，是电路板设计中 PCB 应用于自动贴片机上的位置识别点。可以是正方形的，也可以是圆形。在一个 PCB 上面，所设计的 MARK 点必须为统一规格的，以便于机器识别。

（2）PCB Mark 点要求距离 PCB 板长边大于或等于 5mm，距离 PCB 板短边要求大于或等于 5mm。 Mark PAD 外延 2mm 内要求无绿油，外侧镶上铜框用以保护 Mark PAD，如图 8-17 所示。

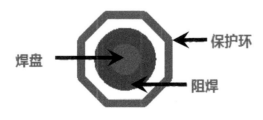

图 8-17　Mark 点

19. 问：请问当 DXP 覆铜选择十字形连接时，可以自己设置十字形连接的线宽吗？请问覆铜时，怎么将过孔设置为全连接，贴片焊盘设置为十字形连接。

答：（1）执行菜单命令"DXP→Preferences→PCB Editor→Plane→polygon ConnectStyle"，选择十字形连接方式，在 Conductor With 选项处可以设置连接的线宽，如图 8-18 所示。

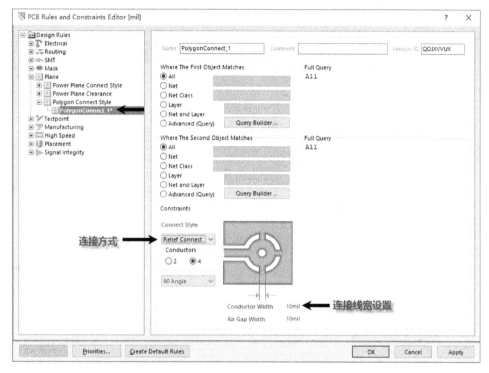

图 8-18　铜皮十字连接设置及线宽设置

（2）在上述的规则栏目中再新建规则，针对过孔选择全连接方式，如图 8-19 所示。

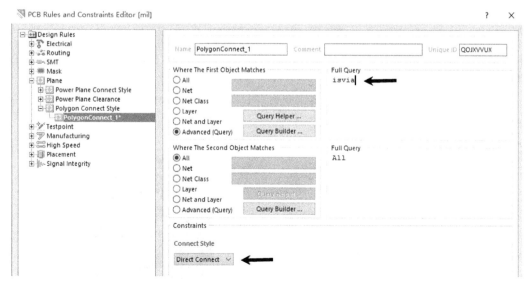

图 8-19　过孔的全连接

20. 问：Altium 的 Port 后面怎么添加对应页码？为什么我的"Add to sheet"和"Add to Project"是灰色的不能选择，只有 Remove 可选？Port 的页码出来后与之前命名的 Schematic 名字是一样的，还有 Port 的大概位置，而不是只显示页码，不知道是否都这样？

答：（1）执行菜单命令"Report→Port Cross Reference→Add To Sheet"。

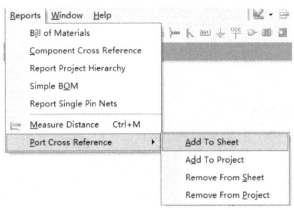

图 8-20　Port 的添加

（2）工程文件需要编译之后才能显示。

（3）执行菜单命令"DXP→Preference→Schematic→General"，如图 8-21 所示，把"Port Cross Reference"选项设置为"Number"。

图 8-21　Port Cross References

21. 问：在做异形板子时经常遇到如图 8-22 所示固定器件方式，如何设置一个器件旋转角度达到这种目的？

答：可以设置一个任意旋转角度。执行"DXP-Preferences-PCB Editor-General"，在 Rotation Step 选项处设置"1"，退出设置状态，选择器件，按"空格键"旋转到当前的位置即可，如图 8-22 所示。

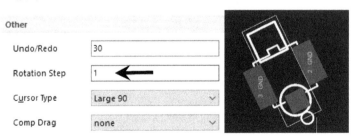

图 8-22　任意角度的旋转

22. 问：DXP 怎么进行拼版设置，有没有一个详细的步骤文档资料。

答：所谓的拼版其实是把一个单板拼凑成一个大板，留有 V-Cut、工艺边、邮票孔等工艺间距，放置固定孔和光学定位点。之前很多网友的做法是把板子完完整整地复制一遍，其实没有必要，只需要把板框按照要求复制出来即可。DXP 的快速拼版如图 8-23 所示，然后由板厂完成 Gerber 拼版即可。

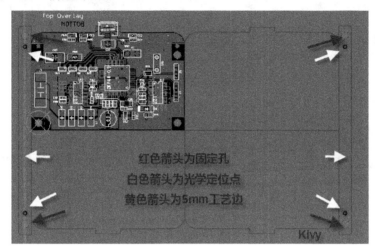

图 8-23　DXP 的快速拼版

23. 问：Altium 板内有圆弧的挖空，挖空线宽等于 0.1mm，不能输出 GERBER 图形，请问是什么原因？

答：Keepout 绘制的元素有两种属性：

（1）既做"禁布"属性，又做"元素"属性，这种情况在 Gerberout 时可以输出图形。

（2）如图 8-24，勾选"Keepout"项时，只做"禁布"属性，Gerberout 时，不输出图形。如果想输出图形，建议直接放置钻孔，避免出错。

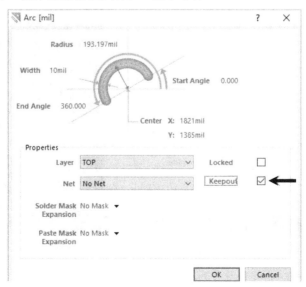

图 8-24　Keepout 属性设置

24. 问：AD9 电源层划分出来不同区域电源，怎么能显示出不同颜色？

答：这个可以按照前文提到的"网络的颜色管理"设置对应网络的颜色，然后按"F5"键打开颜色开关即可，如图 8-25 所示。

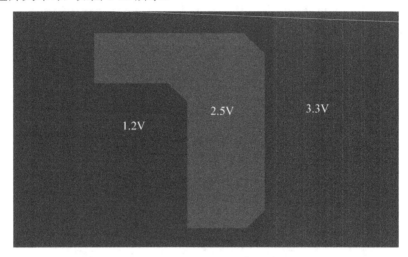

图 8-25　负片的颜色管理

25. 问：AD 中怎么截断已经完成的走线或删除某局部总线？

答：如图 8-26 所示，Altium 自带截断快捷方式"EK"，可以截断走线，在截线状态下按"Table"键可以更改截线的宽度。

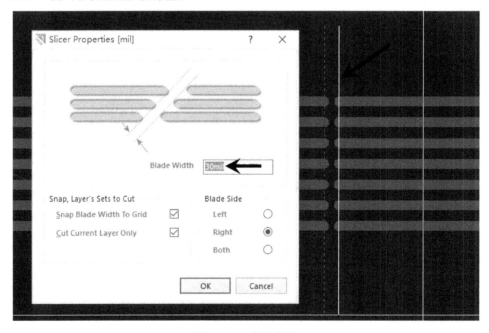

图 8-26　走线的截断

26. 问：过孔中间层的削盘怎么处理？

答：有时候为了增大内层的覆铜面积，特别是 BGA 区域，尤其在高速串行总线日益广泛的今天，无论是 PCIE、SATA，还是 GTX、XAUI、SRIO 等串行总线，都需要考虑走线的阻抗连续性及损耗控制，而对于阻抗控制主要是通过减少走线及过孔中的 Stub 效应对内层过孔进行削盘处理。

过孔的削盘处理如图 8-27 所示，双击过孔，设置其属性，选择"TOP-Middle-Bottom"模式，把内层焊盘的大小设置为"0"即可，多选择过孔的话可以批量处理。

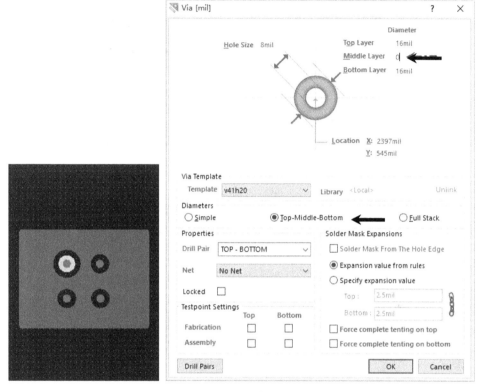

图 8-27 过孔的削盘处理

27. 问：AD9 封装库整合问题，请高手指教，最近在用 AD9 做点东西，以前用的不多不熟悉。现在遇到一个问题：公司有很多个原理图和 PCB 库文件，都是其他同事各自用自己的。说实话这样很不规范。我这个项目比较大，原理图已经画好，但是 PCB 封装不全，有些封装其他人用过，怎样把其他人的库文件都整合在一个库里面并且去掉重复的？

答：（1）打开每个 PCB 库，右下角执行"PCB→PCB Library"进入 PCB Library 操作界面。

（2）全选所有的库，执行"Copy"，然后在另外一个库中执行"Paste N Components"命令，重复器件库会带一个"-Duplicate"，可以选中执行"Delete"删除，如图 8-28 所示。

28. 问：我在用 AD13 新建元件封装时打开 Board Options 界面怎么没有像 AD09 一样显示捕获栅格、元器件栅格、电气栅格和可视栅格？如何在 AD13 里打开这三种栅格的设置界面？

答：（1）执行快捷键"Ctrl+D"可以设置栅格；

（2）执行快捷键"Shift+E"切换捕获栅格模式；

（3）执行快捷键"OB"，调出"Board Options"，可以设置如图 8-29 所示，抓取内容。

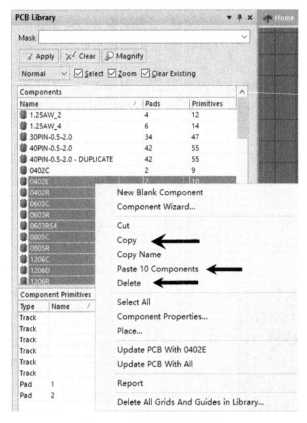

图 8-28　器件库的复制粘贴

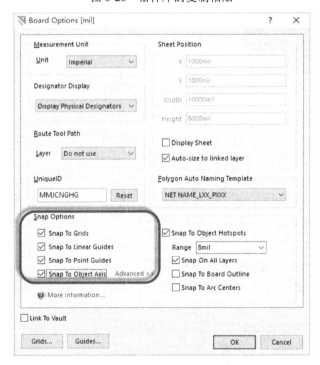

图 8-29　Board Options

29. 问：什么是邮票孔？Altium designer 怎么画邮票孔？注意事项是什么？

答：（1）主板和副板有时候需要筋连接，为了便于切割，在筋上面会开一些小孔，类似于邮票边缘的那种孔，称为邮票孔。

（2）常用做法：放置孔径为 0.5mm 的非金属化孔，邮票孔中心间距为 0.75mm，每个位置放置 4~5 个孔。邮票孔如图 8-30 所示，在后期可以很容易折断分板。

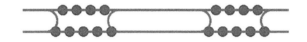

图 8-30　邮票孔

30. 问：AD 里怎样报板上的 Pin 点数，包括原理图和 PCB。

答：（1）PCB 中：执行菜单命令"Reports-Board Information..."，可以对 PCB 的相关信息进行导出。图 8-31 中 PADS 的数量就是 Pin 点数。

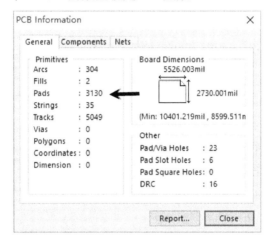

图 8-31　PCB Information

（2）原理图：执行菜单命令"Tools-Parameter Manager..."，使能"Pins"选项，并选择适配整个文档"All Objects"，报告处理的数量即 Pins 点数，如图 8-32 所示。

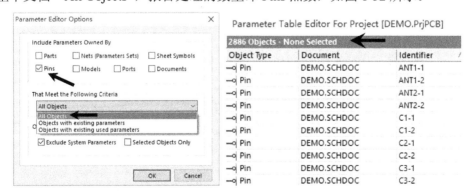

图 8-32　原理图的 Pins 统计

31. 问：AD 中如何进行原理图重新编号，PCB 器件移位？

答：原理图器件和 PCB 执行匹配的时候不仅是位号的匹配，更重要的是有一个唯一的器件 ID 与之对应，可以利用这点对齐进行更新保持器件的位置。

（1）在 PCB 界面执行菜单命令"Project-Component Links..."，如图 8-33 所示进行器件匹配。

（2）正常执行更新即可实现器件位号的更新而不移位。

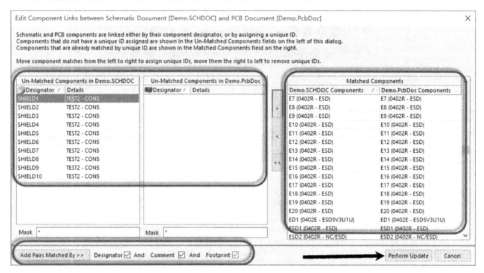

图 8-33　器件关联

32. 问：AD 用 Smart 生成 PDF 只能生成一角怎么回事？

答：　Smart PDF 存在局部输出和全局输出，如图 8-34 所示，"Entire Sheet"标示进行整页输出，"Specific Area"标示进行局部输出。如果遇到只输出一个角或局部的情况，请检查输出范围。

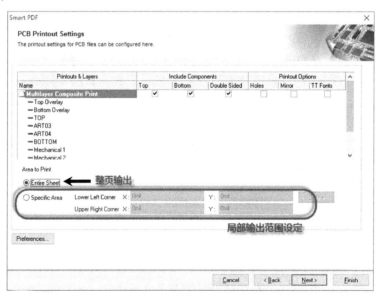

图 8-34　打印输出范围设置

33. 问：如何在 AD09 里面导出过孔图表，并描述分别用了几种孔径，是 PTH 或 NPTH，及每种图示和数量的总结表？

答：执行菜单命令"Place→String"，在 Drill Drawing 层放置字符".Legend"，在 Gerberout 时可以对孔符图进行输出，如图 8-35 所示。

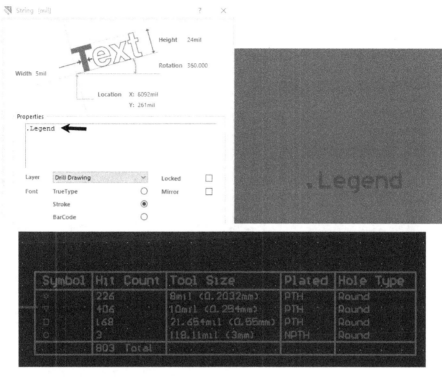

图 8-35　孔符图的输出

34. 问：AD 里面调整丝印，怎么全部居中设置？

答：选中需要调整器件的丝印，执行快捷键"AP"，如图 8-36 所示。"Position Component Text..."可以排列器件的"Designator"和"Comment"，提供了 8 种位置，如须放置，在器件中单选如图 6-69 所示中心位置即可。

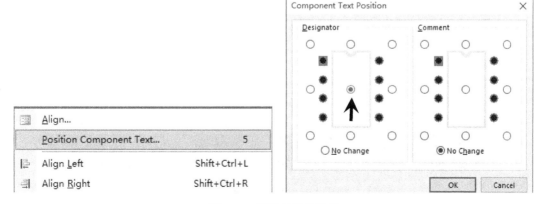

图 8-36　器件丝印的排列

35. 问：画线时不能选择其他层画线的问题怎样处理？

答：原因是抓取未切换到位，可以执行快捷键"Shift+E"进行抓取切换，之后再走线及其他操作。

36. 问：在 TOP 层露一个圆形的铜皮，请问怎么实现？

答：（1）执行菜单命令 Place-Full Circle 放置一个合适的圆形，如图 8-37 所示；

（2）选中此圆环，执行菜单命令"Tools→Convert→Creat region..";

（3）把创建的 Region 放置到"Solder"层。

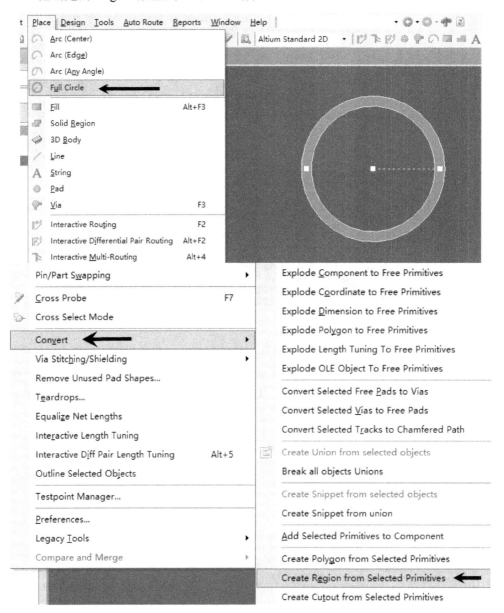

图 8-37　Region 的创建

37. 问：如图 8-38 所示，经常遇到元器件在可视范围的情况，请问怎么把可视范围外的器件或走线挪动到可视范围？

答：（1）全选所有器件；

（2）执行快捷方式"S"，执行"Outside Area"命令，再按住"Shift"的同时框选可视范围里面的器件，这样可以单独选中可视范围外的器件，利用快捷键"MS"，把选中的器件移动出来或利用之前模块布局中讲过的命令"Arrange Components Inside Area"调出来。

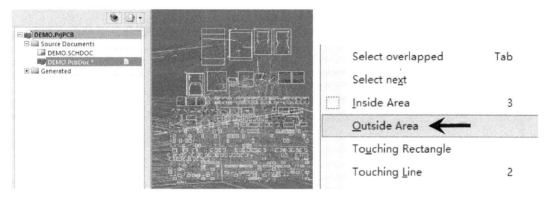

图 8-38 非可视范围的挪动

38. 问：元件的物理外框在哪个层画？

答：元件的外框层通常可以定义在机械层或 Keepout 层，机械层我们通常可以随意选中一层作为机械层即可，但是一定要清楚哪些元素是作为外框属性。

39. 问：AD 中，怎么建立不规则焊盘？

答：创建不规则焊盘也需要用到 Region 的创建功能，可以参考第 3 章的异形焊盘的创建，效果如图 8-39 所示。

图 8-39 异形焊盘

40. 问：Altium 布线时能不能像 Allegro 那样设定为线宽间距的 3 倍、2 倍布线呢？

答：这个功能可以通过创建规则来实现，如图 8-40 所示，可以创建一个线与线之间的间距进行约束，即可满足要求。

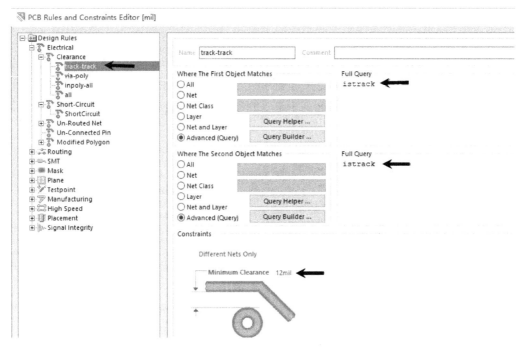

图 8-40　线与线间距设置

41．问：器件坐标的导入导出与布局的复制。

答：器件的坐标其实在我们处理布局的时候，非常有用，例如 A 板布局导入 B 板。

（1）在 A 板 PCB 中执行菜单命令"File→Assembly→Generates Pick and Place File"对器件的坐标进行导出。如图 8-41 所示，选择导出格式和单位。

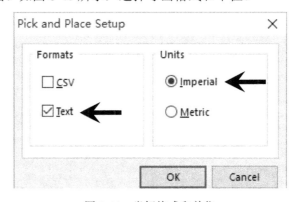

图 8-41　坐标格式和单位

（2）在 B 板 PCB 中把所有器件执行解锁操作，执行菜单命令"Tools-Component Placement-Place From File"，输入".txt"后缀，选择刚才 A 板导出的坐标路径，选择导出的坐标文件，如图 8-42 所示，即可完成器件布局的导入或复制。

42．问：怎样解决填充 Fill 没有网络的问题？

答：可以执行快捷键"Ctrl+H"选中物理连接，"F11"可以全局赋予相对应的网络。

图 8-42　坐标的导入

43. 问：原理图更新进 PCB 的时候，器件一直存在重复更新，求解决办法？

答：因为每个器件会对应一个 ID，ID 重复了会出现此类现象。执行"Tools→Convert→Reset Component Unique IDs..."复位所有的器件 ID，再执行更新，可以解决此问题。

44. 问：丝印能不能通过软件检查是否上焊盘？

答：可以，执行快捷键"DR"，进入规则管理器，如图 8-43 所示，创建一个丝印上焊盘的规则，一般设置间距为"2mil"。

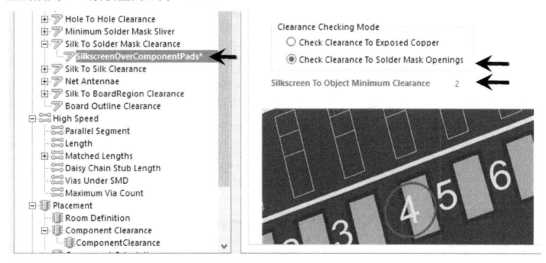

图 8-43　丝印上焊盘间距设置

45. 问：Altium 中如何对某个器件或者过孔进行精准的移动？

答：AD 提供坐标移动的方式，可以达到精准移动的目的；选中需要移动的"Objects"，执行"MS"移动所选择项；对 XY 轴移动量进行输入，如图 8-44 所示。

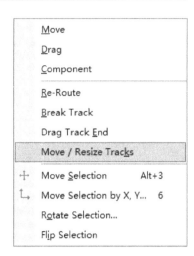
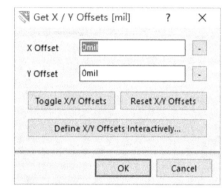

图 8-44　XY 轴移动命令

46. 问：如图 8-45 所示，PCB 完成导入后元件总是绿色高亮显示，如何解决？

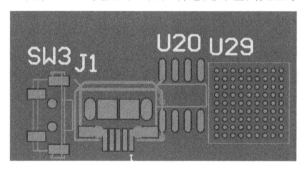

图 8-45　绿色警告

答：此中情况存在两种情况：

（1）器件变绿。这种情况是由器件规则和丝印离焊盘引起的。执行快捷键"DR"，进入规则管理器，更改丝印到焊盘间距以及器件间距的数值，直到达到满足要求，比如 0～2mil。一般在做库的时候，就要做好规范。这个功能有其实用性，但也不必非得保留，有时会把这个检查的功能 DRC 关闭，必要的时候可打开，如图 8-46 所示。

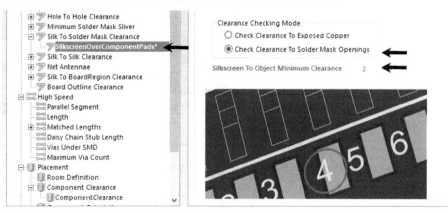

图 8-46　器件间距规则与取消

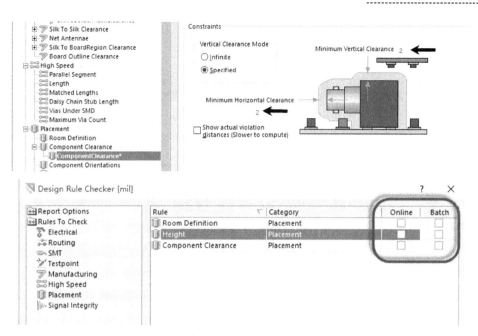

图 8-46 器件间距规则与取消（续）

（2）IC 引脚变绿。这种情况是由 Pitch 间距引起的，直接更改间距规则即可解决这个问题，如图 8-47 所示。

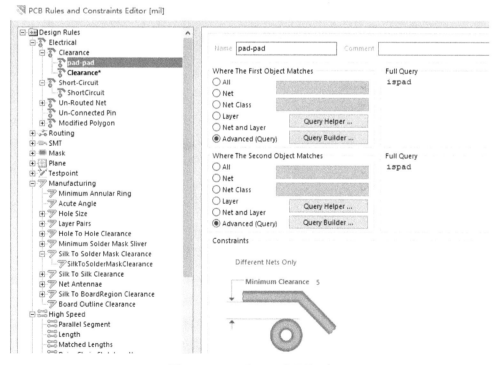

图 8-47 PAD 和 PAD 间距规则

47. 问：如图 8-48 所示，为什么在封装库里添加封装，但更新原理图的时候显示找不到？

图 8-48　库无法匹配

答：（1）首先检查封装名称是否和 PCB 库中的封装名称对得上。

（2）检查封装路径是否正确，如果封装被指定路径，但是路径中的 PCB 库被移除了，此时是匹配不上的，可以重新调整封装库的路径使其重新匹配，如图 8-49 所示。

图 8-49　适配库的路径

48. 问：Altium PCB 中怎样使其单层显示，并且把其他层灰暗处理。

答：操作了单层显示模式，执行菜单命令"DXP→Preferences→PCB Editor→Board Insight Display"，如图 8-50 所示，可以选择三种单层显示模式，可以通过快捷键"Shift+S" 进行切换。

图 8-50　单层模式显示设置

49. 问：3D 视图翻转后镜像了，如何快速翻转回来？

答：执行菜单命令"View→Flip Board"或执行快捷键"VB"。

50. 问：PCB 中怎么对位号重命名？

答：执行快捷键"TN"，进入重新编排窗口。如图 8-51 所示，采用"Annotate Direction"可选择编排方式，"Annotate Scope"可选择应用范围。

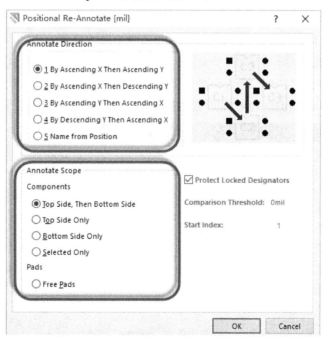

图 8-51　PCB 中的位号重排

51. 问：怎么检查 Stub 线头？

答：可以设置一个 Stub 线头检查规则，执行快捷键"DR"，进入规则管理体，如图 8-52

所示，创建一个新的规则。

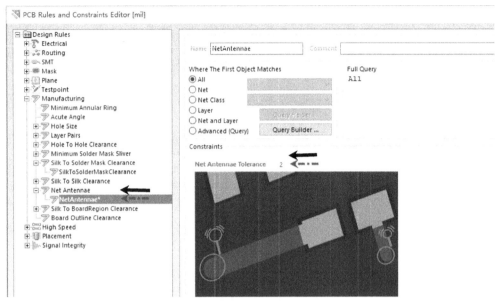

图 8-52　Stub 线头检查规则

52. 问：DXP 中盲埋孔的定义及相关设置？

答：（1）盲埋孔定义：埋孔（Buried Via），就是内层间的通孔，压合后无法看到，所以不必占用外层的面积，该孔上下两面都在板子的内部层，换句话说是埋在板子内部的。盲孔（Blind Via）：盲孔应用于表面层和一个或多个内层的连通，该孔有一边是在板子的一面，通至板子的内部为止。

（2）执行快捷键"DK"进入层叠管理器，如图 8-53 所示，增加钻孔的类型，如TOP-GND02、TOP-ART03、GND02-ART03。

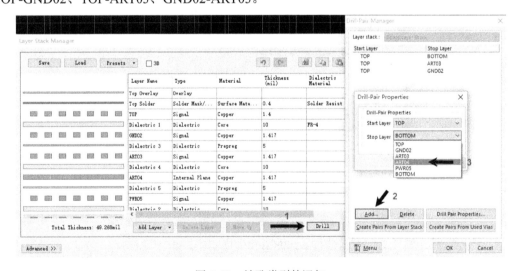

图 8-53　钻孔类型的添加

（3）在放置过孔的时候，设置过孔属性，选择钻孔类型即可，如图 8-54 所示。

图 8-54 盲埋孔的放置

# DDR3 SDRAM 存储器–PCB 设计分析

为了适应高速 PCB 设计的技能要求，本书对高速 PCB 设计中的常用核心部分 DDR3 进行要点介绍，让读者更快融入到高速 PCB 设计的世界。

由于篇幅的限制，这部分内容采取增值的方式，将对 4 片 DDR3 的 PCB 设计进行全程视频录制，如果读者觉得书中要点不尽详细，可以联系本书作者进行购买学习（Kivy QQ：709108101，E-mail：zheng.zy@foxmail.com）。

## 学习目标

➢ 熟悉 DDR DDR2 和 DDR3 的不同之处
➢ 了解 DDR3 的信号及分组
➢ 熟悉 DDR3 的常用布局及拓扑结构
➢ 熟悉 DDR3 走线要求及等长要求

## 1. 定义

DDR SDRAM 全称 Double Data Rate Synchronous Dynamic Random Access Memory，中文名为"双通道同步动态随机存储器"。随着时间的推移和不断更新，DDR 也不断升级换代，目前市场上流行使用的主要是 DDR2 和 DDR3。DDR3 是一种计算机内存规格。它属于 SDRAM 家族的内存产品，提供了较 DDR2 SDRAM 更高的运行效能与更低的电压，是 DDR2 SDRAM（同步动态随机存取内存）的后继者（增加至 8 倍），也是现时流行的内存产品规格，如图 I-1 所示。

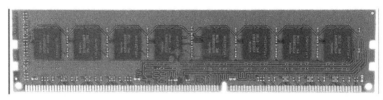

图 I-1　DDR3 实物图例

## 2. DDR SDRAM 存储器参数对比

DDR-DDR3 各个阶段有不同的传输速率，如图 I-2 所示，详细了解有利于我们进行 PCB 设计时对数据线和时钟线的布线考量。一般来说，速率越高要求的误差越严格，3W 走线线距也更加严格，对于高速通信，如在 DDR 频率运行 G 速时，我们会考虑走线采取圆弧的方式。

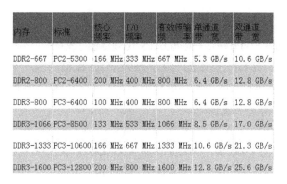

图 I-2

## 3. 原理图管脚示意

在进行 PCB 设计之前我们须对 DDR 的信号进行分组学习，以更好地对各类信号进行处理，如图 I-3 所示。

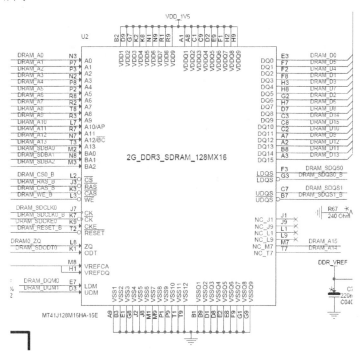

图 I-3　DDR3 原理图

一般来说，根据信号匹配的要求，对 DDR3 的信号线进行如下分组。

首先是 32 条数据线（ DATA0-DATA31）、4 条 DATA MASKS（ DQM0-DQM3）；

4 对 DATA STROBES 差分线（ DQS0P/ DQS0M—DQS3P/DQS3M）。

这 36 条线和 4 对差分线分为四组：

GROUP A——DATA0—DATA7，DQM0，DQS0P/ DQS0M；

GROUP B——DATA8—DATA15，DQM1，DQS1P/ DQS1M【2 片 DDR】；

GROUP C——DATA16—DATA23，DQM2，DQS2P/ DQS2M；

GROUP D——DATA24—DATA31，DQM3，DQS3P/ DQS3M【4 片 DDR】。

再将剩下的信号线分为三类：

GROUP E——Address ADDR0—ADDR15 16 条地址线；

GROUP F——Clock CLKN、CLKP 两条差分的 CLK 线。

GROUP G——Controls 包括 WE、CAS、RAS、CS0、CS1、CKE0、CKE1、ODT0、ODT1、BA0、BA1、BA2 等控制信号。

Address/Command、Control 与 CLK 归为一组，因为它们都是在 CLK 的下降沿由 DDR 控制器输出，DDR 颗粒由 CLK 的上升沿锁存 Address/Command、Control 总线上的状态，所以需要严格控制 CLK 与 Address/Command、Control 之间的时序关系，确保 DDR 颗粒能够获得足够和最佳的建立/保持时间。

### 4．布局要点

① DDR3*1 片情况下，采用点对点的布局方式，靠近主控，相对飞线 BANK 对称，间距可以根据实际 PCB 大小进行调整，CPU 到 DDR 的间距推荐为 500～800mil，如图 I-4 所示。

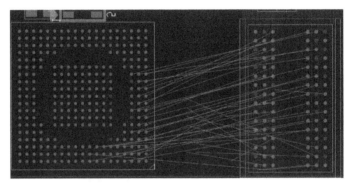

图 I-4　DDR3*1 时参考布局

② 在 DDR3*2 片情况下，相对于 CPU 中心所接信号管脚中心对称，注意地址线的走线空间（T 型拓扑）和所接串接排阻/电阻的位置，如图 I-5 所示。

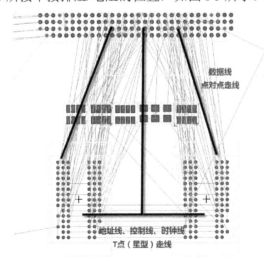

图 I-5　DDR3*2 时参考布局

③ DDR3*4 片情况下，存在几种拓扑结构，如图 I-6 所示，常见的有"T"点（星型）拓扑和 Fly-By（菊花链）方式。

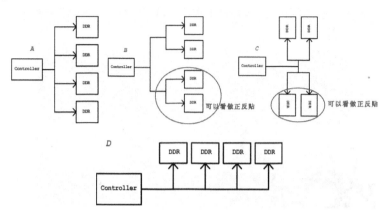

图 I-6 DDR 四种拓扑方式

相较于 DDR 和 DDR2，DDR3 的速率更高（最高可达 1.6Gbps），所以除了时序，信号完整性也成了我们所需要关注的要点。前文提到过的在多片 DDR3 进行 PCB 设计布局时优先考虑采用第四种拓扑方式（Fly-by[菊花链]），因为我们在进行 DDR3 设计时，特别是速率达到 1.6Gbps 时，通过仿真发现 4 种拓扑结构中第 4 种更能满足信号完整性要求，如图 I-7 和图 I-8 所示拓扑结构。

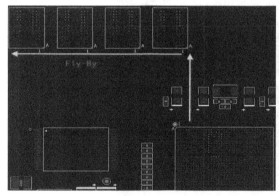

图 I-7 Fly-by（菊花链）拓扑　　　　　图 I-8 T 点（星型）拓扑

### 5. 阻抗控制要求

DDR3 单端走线控制 50Ω，差分走线（CLK、DQS）控制 100Ω。

### 6. 布线以及等长要求

（1）分组：如附录 I 第二点所示对各自信号分组并创建对应的"NetClass"。

（2）走线要求：

① 数据线保证同组同层，在空间密集的情况下，优先保证 11 根传输数据线是同组同层的，如图 I-9 所示。

② 地址、控制线、时钟线走成 FLY-BY/T 型拓扑结构，如图 I-10 所示。

③ 信号线之间的间距满足 3W 要求，以减少信号之间串扰的产生，同时特别注意相邻

上下层的串扰，走线不能重合；

④ CLK 与其他线的间距至少 20mil 或满足 3W 规则。

⑤ Verf 电容须靠近管脚放置，VREF 走线尽量短，且与任何数据线分开，保证其不受干扰，推荐走线宽度不小于 15mil。

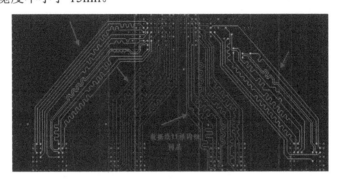

图 I-9　数据走线同层要求

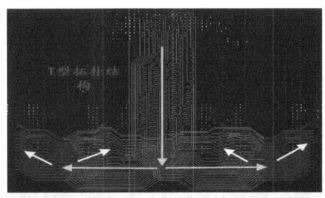

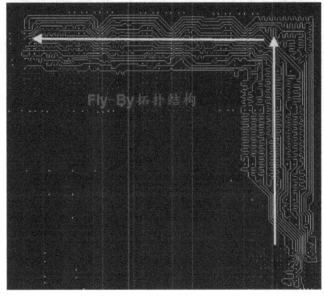

图 I-10　地址线、控制线与时钟线拓扑走线要求

（3）等长要求：推荐以 layout guide 和仿真结果为准。

① 数据线走线尽量短，总长不要超过 2000mil，分组做等长，组内等长误差范围控制在±5mil，得益于 Write Leveling 技术，DQS 与时钟线一般没有长度误差要求；要特别注意某些芯片会有组间及 DQS 与时钟线的等长要求，这时需要查阅芯片资料；

② 地址线、控制线、时钟线做为一组等长，组内误差范围控制在±20mil；

③ DQS、时钟差分线对内误差范围控制在±1mil，设计阻抗时，使对内间距不超过 2 倍线宽；

④ 信号实际长度应当包括零件管脚的长度，因此应尽量取得零件管脚长度，但一般设计中可忽略此长度。

（4）平面分割要求：为了保证电源完整性和信号完整性，DDR 线路部分需要完整的电源平面参考，不允许跨分割现象，叠层时考虑让地平面紧挨着电源平面，保证回流路径短，如图 I-11 所示。

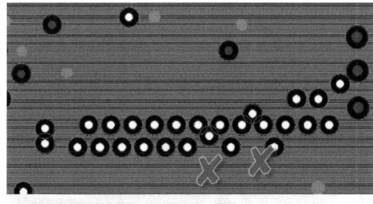
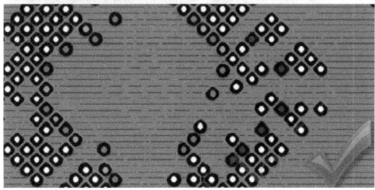

图 I-11  参考平面的要求

# 印制板验收的有关标准

为了使印制板的供需双方在验收时查找依据方便，以下列出目前在国内经常引用或查阅的一些标准。

| IEC 国家电工委员会标准 | |
|---|---|
| IEC60249-1 | 印制电路用基材 第一部分：试验方法 |
| IEC60249-2 | 印制电路用基材 第二部分：规范（2.1～2.19 各种基材） |
| IEC60249-3 | 印制电路用基材 第三部分：连接印制电路的特种材料（粘结片、覆盖层） |
| IEC60326-2 | 印制电路板 第二部分：试验方法 |
| IEC60326-3 | 印制电路板 第三部分：印制板的设计和使用 |
| IEC60326-4 | 印制电路板 第四部分：无金属化孔的单面及双面印制板规范 |
| IEC60326-5 | 印制电路板 第五部分：有金属化孔的单面及双面印制板规范 |
| IEC60326-6 | 印制电路板 第六部分：多层印制板规范 |
| IEC60326-7 | 印制电路板 第七部分：无贯穿连接的单、双面挠性印制板规范 |
| IEC60326-8 | 印制电路板 第八部分：有贯穿连接的单、双面挠性印制板规范 |
| IEC60326-9 | 印制电路板 第九部分：有贯穿连接的挠性多层印制板规范 |
| IEC60326-10 | 印制电路板 第十部分：有贯穿连接的双面挠—刚性印制板规范 |
| IEC60326-11 | 印制电路板 第十一部分：有贯穿连接的多层挠—刚性印制板规范 |
| IEC60326-12 | 印制电路板 第十二部分：集合层压板规范（半制成多层印制板规范） |
| IPC 美国电子电路封装互连协会标准 | |
| IPC-2221 | 印制板设计通用规范（代替 IPC-D-275 和 MIL-D-275） |
| IPC-4101 | 印制电路用覆铜箔层压板通用规则 |
| IPC-6011 | 印制板通用性能规范 |
| IPC-6012A | 刚性印制板的鉴定与性能规范 |
| IPC-6013 | 挠性印制板的鉴定与性能规范 |
| IPC-6015 | 有机多芯片模块（MCM-L）安装及互联结构的鉴定与性能规范 |
| IPC-6016 | 高密度互连（HDI）层或板的鉴定和性能规范 |
| IPC-6018 | 成品微波印制板的检验和测试 |
| IPC-A-666F | 印制板的验收条件 |
| IPC-TM-650 | 印制板试验方法手册 |

（续表）

| 国家标准 | |
| --- | --- |
| GB4721 | 印制电路用覆铜箔层压板通用规则 |
| GB4722-GB4725 | 印制电路用覆铜箔层压板试验方法和产品标准 |
| GB4588.1 | 无金属化孔的单、双面印制板技术条件 |
| GB4588.2 | 有金属化孔的单、双面印制板技术条件 |
| GB4588.3 | 印制电路设计和使用 |
| GB4588.4 | 多层印制板技术条件 |
| GB8898 | 单面纸质印制线路板的安全要求（强制性） |
| GB/T14515 | 有贯穿连接的单、双面挠性印制板技术条件 |
| GB/T14516 | 无贯穿连接的单、双面挠性印制板技术条件 |
| GB/T4588.10 | 有贯穿连接的双面刚—挠性印制板规范 |
| GB/T4588.11 | 有贯穿连接的多层挠—刚性印制板规范 |
| GB/T4588.12 | 预置内层层压板规范 |
| 国家军用标准 | |
| GJB362A | 印制板通用规范 |
| GJB2124 | 印制线路板用覆金属箔层压板总规范 |
| GJB2421/1 | 印制线路板用耐热阻燃型覆铜箔环氧玻璃布层压板详细规范 |
| GJB2830 | 刚性和挠性印制板设计要求 |
| GJB/T50.1~.2 | 军用印制板及基材系列型谱 |

| 行业标准 | |
| --- | --- |
| 电子行业：SJ20632 印制板组装件总规范 | |
| SJ20748 | 刚性印制板和刚性印制板组装件设计标准 |
| SJ/T10716 | 有金属化孔单双面印制板能力详细规范 |
| SJ/T10717 | 多层印制板能力详细规范 |
| SJ.Z11171 | 无金属化孔单双面碳膜印制板规范 |
| SJ20604 | 挠性和刚挠印制板总规范 |
| SJ/T9130 | 印制线路板安全标准 |
| SJ20671 | 印制板组装件涂覆用电绝缘化合物 |
| SJ20747 | 热固型绝缘塑料层压板总规范 |
| SJ20749 | 阻燃型覆铜箔聚四氟乙烯玻璃布层压板详细规范 |
| 航天行业 | |
| QJ3103 | 印制电路板设计规范 |
| QJ201A | 印制电路板通用规范 |
| QJ519A | 印制电路板试验方法 |
| QJ831A | 航天用多层印制电路板通用规范 |
| QJ832A | 航天用多层印制板试验方法 |

| 缩 略 语 | | |
| --- | --- | --- |
| AOI | (Automatic Optical Inspection) | 自动光学检查 |
| AXI | (Automatic X-ray Inspection) | 自动 X-射线检查 |
| BGA | (Ball Grid Array) | 球栅阵列封装 |

（续表）

| BUM | (Build-Up Multilayer printed board) | 积层多层板 |
|------|------|------|
| CAD | (Computer Aided Design) | 计算机辅助设计 |
| CAM | (Computer Aided Manufacturing) | 计算机辅助制造 |
| CAT | (Computer Aided1 Test) | 计算机辅助测试 |
| DFM | (Design For Manufacturing) | 可制造性设计（面向生产的设计） |
| DRC | (Design Rule Checkout) | 设计规则检查 |
| EMC | (Electromagnetic Compatibilt) | 电磁兼容性 |
| IC | (Integrated Circuit) | 集成电路 |
| HDI | (High Density Interconnection) | 高密度互连 |
| MCM | (Multi Chip Module) | 多芯片组件 |
| SMD | (Surface Mounted Devices) | 表面装器件 |
| SMT | (Surface Mounted Technology) | 表面安装技术 |
| THT | (Through Hole Technology) | 通孔安装技术 |
| VLSI | (Very Large Scale Integrated Circuit) | 超大规模集成电路 |

# 参考文献

[1] 史久贵. 基于 Altium Designer 的原理图与 PCB 设计. 北京：机械工业出版社，2009.

[2] 徐向民. Altium Designer 快速入门（第二版）. 北京：电子工业出版社，2011.

[3] 李珩. Altium Designer 6 电路设计实例与技巧. 北京：国防工业出版社，2008.

[4] 刘小伟. Altium Designer 6.0 电路设计实用教程. 北京：电子工业出版社，2007.

[5] 谢龙汉，鲁力，张桂东. Altium Designer 原理图与 PCB 设计及仿真. 北京：电子工业出版社，2012.